Geschichtliche Einzeldarstellungen aus der Elektrotechnik

Herausgegeben
vom
Elektrotechnischen Verein E.V.

Vierter Band

Die Entstehung der internationalen Maße der Elektrotechnik

Von
Prof. Dr. Wilhelm Jaeger
Geheimer Regierungsrat
Berlin-Friedenau

Mit 23 Textabbildungen
darunter 18 Porträts

Berlin
Verlag von Julius Springer
1932

ISBN 978-3-7091-9750-9 ISBN 978-3-7091-9997-8 (eBook)
DOI 10.1007/978-3-7091-9997-8

Softcover reprint of the hardcover 1st edition 1932

Vorwort.

Der Gedanke des Elektrotechnischen Vereins, im Hinblick auf den im Juli dieses Jahres zu Paris tagenden Elektrizitätskongreß im Rahmen der „Geschichtlichen Einzeldarstellungen aus der Elektrotechnik" als Band IV eine Darstellung der „Entstehung der internationalen Maße der Elektrotechnik" herauszugeben, ist sehr zu begrüßen, da der diesjährige Kongreß zugleich als 50-Jahrfeier des ersten Pariser Elektrikerkongresses gedacht ist, auf welchem zum ersten Male über die elektrischen Einheiten internationale Besprechungen stattfanden und Beschlüsse gefaßt wurden. Eine zusammenfassende Darstellung der Entwicklungsgeschichte der Einheiten von diesem ersten Kongreß an bis zur Jetztzeit existiert meines Wissens bis jetzt noch nicht, und es ist wohl an der Zeit, daß sie einmal niedergelegt wird, ehe die vielen Einzelheiten in Vergessenheit geraten. Dem Wunsche des Elektrotechnischen Vereins, diese geschichtliche Darlegung zu verfassen, bin ich daher gerne nachgekommen, zumal ich selbst an einem großen Teil der Vorgänge beteiligt war infolge meiner Zugehörigkeit zu der Physikalisch-Technischen Reichsanstalt, der ich von der Zeit ihrer Gründung bis vor wenigen Jahren angehörte. Ich hoffe, mit dieser Darlegung aller wissenswerten Vorgänge der Entwicklung der Einheitenfrage einen nützlichen Beitrag geleistet zu haben.

Auf Wunsch des Elektrotechnischen Vereins sind dem Text 18 Bildnisse von Gelehrten beigefügt worden, deren Namen zur Benennung der Einheiten Verwendung gefunden oder die sich sonst um die Einheiten verdient gemacht haben (Ampère, Coulomb, Faraday, Gauß, Henry, Joule, F. Kohlrausch, Maxwell, Oersted, Ohm, Rayleigh, Werner v. Siemens, William Thomson bzw. Lord Kelvin, Volta, Warburg, Watt, Wilhelm Weber, Weston).

Wenn die internationalen Einheiten, wie aus dem Schlusse der Darstellung hervorgeht, vielleicht bald aufgegeben werden, um die absoluten Einheiten, von denen man ursprünglich ausgegangen war, an ihre Stelle zu setzen, würde damit die Geschichte der internationalen Einheiten definitiv beendet sein, ein Umstand, dessen Kenntnis wohl noch vielfach unbekannt ist.

Berlin-Friedenau, 20. Juni 1932.

Wilhelm Jaeger.

Inhaltsverzeichnis.

I. Einleitung.

In der Metropole Frankreichs, in der in diesem Jahre der Internationale Elektrizitätkongreß tagt, sind vor etwas mehr als fünfzig Jahren, im Jahre 1881, zum ersten Male Elektriker aller Länder — hervorragende Techniker und Physiker — zusammengekommen, um über gemeinsame elektrische Einheiten zu beraten und entsprechende Beschlüsse zu fassen. Es war aber auch hohe Zeit, daß dies geschah, denn die Situation war, wie später noch näher gezeigt werden soll, damals recht verworren, und es fehlte für übereinstimmende Messungen auf elektrischem Gebiet die geeignete Basis. Nicht nur bestand die Telegraphentechnik schon lange Zeit, sondern auch die Starkstromtechnik war schon weit vorgeschritten, so daß aus wirtschaftlichen Gründen zuverlässige und einheitliche Messungen der elektrischen Energie erforderlich waren.

Abb. 1. Alexander Volta, geb. 18. 2. 1745, gest. 5. 3. 1827.

Im Jahre 1867 (17. Januar) hatte bereits Werner Siemens seine Abhandlung über das dynamoelektrische Prinzip, das als Ausgangspunkt der Starkstromtechnik bezeichnet werden muß, durch seinen Lehrer und Freund Magnus der Berliner Akademie vorlegen lassen[1]. Im Januar 1880 erschien das erste Heft der ETZ; in die gleiche Zeit fällt die Gründung des Elektrotechnischen Vereins, in dessen erster

[1] Siemens, W.: Über die Umwandlung von Arbeitskraft in elektrischen Strom ohne permanente Magnete. Technische Arbeiten. S. 234. Berlin: Julius Springer 1891.

Sitzung am 27. Januar 1880 Werner Siemens einen Vortrag „Über die dynamo-elektrische Maschine und deren Verwendung zum Betriebe von elektrischen Eisenbahnen" hielt. Er leitete diesen Vortrag ein mit den bemerkenswerten Worten:

„Wenn man früher einem Elektrotechniker eine Aufgabe stellte, bei welcher die Elektrizität größere Arbeit auszuführen hatte, dann pflegte er wohl zu sagen: Die Elektrizität tut keine Hausknechtsarbeit, sie ist für feine Arbeit bestimmt; sie kommandiert, löst Kräfte aus und ein; aber schwere Arbeit selbst zu tun, ist nicht ihre Sache! Das hat sich in der neueren Zeit vollständig geändert... Die Elektrizität kann mithin jetzt auch in die Reihe der schwer arbeitenden Mächte eintreten."

Abb. 2. Hans Christian Oersted, geb. 14. 8. 1777, gest. 9. 3. 1851.

Auf der Berliner Gewerbeausstellung im Jahre 1879 war bereits ein kleines Modell der Siemensschen elektrischen Bahn im Betrieb, das eigentlich zum Kohlentransport auf einer Zeche bestimmt war; im großen sind die Ideen von Siemens erst viel später verwirklicht worden. 1884 wurde die erste größere Zentrale in Deutschland errichtet.

Aber auch vor dem Auftreten der elektrischen Maschinen und der Starkstromtechnik gab es schon lange eine hochentwickelte Elektrotechnik: die Telegraphentechnik. Sie nahm ihren Ausgang von den ersten Versuchen von Gauß und W. Weber, die Sternwarte in Göttingen mit dem Physikalischen Institut daselbst durch einen Zeigertelegraphen zu verbinden (1838)[1]. Durch den gleichzeitig auftauchenden Morsetelegraphen ist dann ein Moment in die Telegraphie eingeführt worden, das noch heute eine bedeutende Rolle spielt. Die Telegraphentechnik ist somit rund hundert Jahre alt. In ihre Anfangszeit (1831) fällt auch die für die Elektrotechnik so wichtige Entdeckung Faradays: die Induktion elektrischer Ströme durch veränderliche Magnetfelder; etwas weiter zurück liegt Oersteds Entdeckung der Ablenkung eines

[1] Der erste im Jahre 1808 von Sömmering vorgeschlagene (elektrolytische) Telegraph war praktisch nicht verwendbar.

Magneten durch einen Strom und der Magnetisierung von Eisen durch denselben. Der eigentliche Ursprung der Elektrodynamik und somit auch der Elektrotechnik ist etwa in das Jahr 1790 zu verlegen, in dem die Froschschenkelversuche stattfanden, die an die Namen Volta und Galvani geknüpft sind, und welche die ersten Primärelemente (Wollastontrog usw.) im Gefolge hatten. Aber in der Praxis ist die Elektrotechnik erst mit der Entwicklung der Telegraphie in die Erscheinung getreten.

Die Telegraphentechnik bedurfte, besonders als die Verlegung überseeischer Kabel einsetzte, bereits zuverlässiger Messungen verschiedener elektrischer Größen (Widerstand, Isolierfähigkeit, Kapazität, Induktivität), wozu Meßmethoden, Meßinstrumente und Einheiten vorhanden sein mußten. Was aber durchaus fehlte, war eine Einheitlichkeit auf diesem Gebiete, und wie man sieht, hat es erstaunlich lange gedauert, bis man die ersten Schritte unternahm, um diese Einheitlichkeit herbeizuführen. Und von diesem ersten Schritt bis zur endgültigen Ausführung verging abermals eine recht lange Zeit. Nimmt man den Londoner Kongreß 1908 als endgültige Lösung der internationalen Einheitsfrage (das deutsche Gesetz über elektrische Einheiten stammt allerdings schon vom Juni 1898), so liegen fast 30 Jahre zwischen dem ersten Versuch eines Übereinkommens und den definitiven Festsetzungen. Natürlich waren auch im Anfange die Ansprüche an die Meßgenauigkeit erheblich geringer, als es heute der Fall ist, so daß nur in manchen Fällen das Fehlen zuverlässiger Einheiten störend wirkte.

II. Zustand der elektrischen Messungen zur Zeit des ersten Elektrikerkongresses zu Paris, 1881.

Es ist sehr interessant und lehrreich, sich einmal den Zustand zu vergegenwärtigen, der in bezug auf elektrische Messungen und Einheiten damals herrschte, als die ersten Schritte zu einer internationalen Regelung getan wurden. H. v. Helmholtz, der selbst an dem internationalen Pariser Kongreß teilgenommen hat, schildert diese Zustände mit bewegten Worten in einem Vortrag, der im Dezember 1881 im Elektrotechnischen Verein zu Berlin gehalten worden ist[1] („Über die elektrischen Maßeinheiten nach den Beratungen des elektrischen Kongresses"). Es würde zu weit führen, alle die Sorgen der damaligen Zeit und alle Schwierigkeiten, die einer Einigung entgegenstanden, anzuführen; nur einige wesentliche Punkte sollen hier Erwähnung finden. So führt Helmholtz aus:

„Die Elektrotechnik hat sich allmählich so weit entwickelt, daß sie jetzt ungeheure Kapitalien in Anspruch nimmt und eine außerordentlich rege Industrie repräsentiert. Unter diesen Umständen kann es nicht fehlen, daß Streitfragen, welche dieselbe betreffen, vor die Gerichte kommen und sich die Notwendigkeit fühlbar macht, die Sache gesetzlich zu ordnen, namentlich die Maßeinheiten festzustellen, auf die man bei solchen Entscheidungen zurückgehen kann."

In Deutschland war nun, wenigstens in bezug auf die Widerstands-

[1] Helmholtz, H. v.: Populäre Vorträge. Bd. 2. S. 319. Braunschweig: Vieweg & Sohn 1884.

einheit insofern ein ziemlich erträglicher Zustand vorhanden, als die Siemenssche Quecksilbereinheit (SE), welche von Siemens schon 1860 vorgeschlagen worden war, allgemein benutzt wurde[1]. Diese Einheit wird dargestellt durch eine Quecksilbersäule von 1 m Länge und 1 qmm Querschnitt bei 0° C (näheres darüber siehe später). Die SE liegt übrigens auch der heutigen Definition des internationalen Ohm zugrunde, wobei allerdings leider der Name von Siemens ganz in Fortfall gekommen ist.

Die Einheitlichkeit der Widerstandsmaße wurde dadurch ziemlich weitgehend garantiert, daß von der Firma Siemens & Halske Widerstandsetalons und Widerstandssätze ausgegeben wurden, die auf diese Einheit gegründet waren. In Deutschland war also schon eine, wenn auch nicht offizielle, Zentralstelle für die Widerstandseinheit vorhanden, die sich als sehr nützlich erwies. Allerdings hatten die Widerstände noch einen ziemlich hohen Temperaturkoeffizienten und waren auch zeitlich nicht so konstant, wie die heute gebräuchlichen Manganinwiderstände. Die SE war auch von Österreich und teilweise von Rußland sowie von einigen anderen östlichen Ländern angenommen worden, während die englisch sprechenden Länder und Frankreich eine von England aufgestellte Widerstandseinheit benutzten, welche meist als „British-Association-Unit“ (BAU) oder auch als „Ohm“ bzw. „Ohmad“ bezeichnet wurde. Diese Einheit spielt in der damaligen physikalischen Literatur eine bedeutende Rolle.

Abb. 3. William Thomson (Lord Kelvin), geb. 1822, gest. 8. 3. 1873.

Während die SE eine beliebige, reproduzierbare Widerstandseinheit darstellt, die allerdings dem heutigen Ohm ziemlich nahe kommt (1 Ohm = 1,063 SE), sollte die BAU das Ohm möglichst genau ver-

[1] Siemens, W. v.: Wissensch. Abhandl. u. Vorträge. S. 153. Berlin: Julius Springer 1889. — Pogg. Ann. Bd. 110 (1860) S. 1.

körpern und dann als Standard aufbewahrt werden, in gleicher Weise wie das Urmeter, das ursprünglich als der zehnmillionste Teil des Erdquadranten definiert worden war, jetzt als „Prototyp" in Sèvres niedergelegt ist. Maxwell äußert sich darüber folgendermaßen[1]:

„In dem Maßsystem der British Association (gemeint ist, in dem von ihr eingeführten ‚praktischen Maßsystem') ist der absolute Wert der Widerstandseinheit ursprünglich so gewählt, daß er einer aus dem elektromagnetischen System abgeleiteten Größe so nahe als möglich kommt."

Und ferner[2]:

„Die Größe dieser Einheit ist geeigneter als die von Weber (Wilhelm W.) gewählte, die zu klein ausgefallen ist[3]. Man bezeichnet sie öfter als die BA-Einheit; um sie aber mit dem Namen des Entdeckers der Gesetze, denen der Widerstand unterworfen ist, in Verbindung zu bringen, nennt man sie ein Ohm."

Die BAU war indessen vom Ohm stark verschieden. Zur Festsetzung der elektrischen Maßeinheiten hatte die BA im Jahre 1861 eine Kommission eingesetzt, an deren Spitze W. Thomson und Maxwell standen, mit der Aufgabe, zunächst einen Standard für die Widerstandseinheit durch eine absolute elektromagnetische Messung herzustellen. Die dabei benutzte Methode (Weber II, siehe S. 36) war der Kommission von Thomson vorgeschlagen worden und ist bei Maxwell[4] näher beschrieben. Sie besteht darin, daß eine kurz geschlossene Spule, deren Achse horizontal gelagert ist, um eine vertikale Achse gleichmäßig rotiert. Eine in der Mitte der Spule aufgehängte Magnetnadel wird dann durch die in der Spule induzierten Ströme um einen bestimmten Winkel im Sinne der Rotation aus ihrer Gleichgewichtslage im Meridian abgelenkt. Daraus läßt sich der Widerstand der Spule in absolutem Maße berechnen. Die Apparatur war sehr kompliziert und hatte teilweise große Dimensionen. Die im Laboratorium der Universität Cambridge von Cl. Maxwell, B. Steward und Fleeming Jenkin im Jahre 1863 ausgeführten Messungen[5] konnten in Hinsicht auf die erheblichen Fehlerquellen der angewandten Methode keine große Genauigkeit ergeben. Immerhin zeigt der später gefundene Wert:

$$1 \text{ BAU} = 0{,}988 \text{ Ohm}$$

eine erstaunlich große Abweichung vom Sollwert.

Die SE betrug nach Messungen der BA 0,9530 Ohm, während sie tatsächlich 0,9407 Ohm entspricht.

Abgesehen davon, daß die BAU von dem Wert des Ohm um mehr als 1% abweicht, erfüllte sie aber auch, was noch schlimmer ist, keineswegs die Forderung, die man an einen Standard stellen muß, d. h. sie war zeitlich nicht ausreichend konstant, so daß die im Laufe der Zeit mit dieser Widerstandseinheit angestellten Messungen nicht mit hinreichender Genauigkeit vergleichbar waren.

---

[1] Maxwell, Cl.: Lehrbuch der Elektr. und des Magnetismus (Deutsch). Art. 339. Berlin: Julius Springer.

[2] Maxwell, Cl.: l. c. Art. 338.

[3] W. Weber benutzte das elektromagnetische System mit mm, mg, sec.

[4] Maxwell, Cl.: l. c. Art. 763—766.

[5] Maxwell, Cl.: l. c. Art. 766. — Vgl. auch Rep. of the Brit. Ass. for 1863, S. 168.

Die BAU sollte durch den Mittelwert eines Satzes von 10 Drahtwiderständen dargestellt werden, die aus Platin-Silber und ähnlichen Legierungen edler Metalle bestanden, da man annahm, auf diese Weise eine gute zeitliche Konstanz gewährleisten zu können. Die einzelnen Widerstände hatten verschiedene Formen und waren dementsprechend mit Namen belegt („Flat" usw.). Doch hatte man damals noch nicht die Erfahrung in der Konstruktion der Widerstände (künstliche Alterung usw.), die man jetzt zur Verfügung hat, so daß sich die auf den Standard gesetzten Hoffnungen nicht verwirklichten. Bald fing einer und der andere Widerstand an, von dem Mittelwert mehr oder weniger abzuweichen, und nach einiger Zeit waren die relativen Unterschiede der Widerstände gegen den ursprünglichen Wert so sehr geändert, daß man den Mittelwert aller Widerstände nicht mehr als unverändert betrachten konnte. Auch der große Temperaturkoeffizient der Widerstände erschwerte sehr eine genaue Messung derselben.

Abb. 4. James Watt, geb. 19. 1. 1736, gest. 19. 8. 1819.

In Deutschland waren übrigens ebenfalls Versuche gemacht worden, einen Widerstandsstandard zu schaffen. So hatte Jacobi vorgeschlagen, einen Draht aus reinem Kupfer von 1 m Länge und 1 qmm Querschnitt als Einheit zu definieren. Da aber die Leitfähigkeit nicht nur in hohem Maße von der Reinheit des Metalls, sondern auch von der Bearbeitung desselben abhängt, so stellte sich sehr bald die Unbrauchbarkeit dieser Einheit heraus. Jacobi versuchte es daher auf dem Wege (etwa 1850), einen Etalon herzustellen, der aus einem schraubenförmig auf einen Serpentinzylinder aufgewickelten Kupferdraht bestand. Von dieser willkürlichen, etwa 0,7 Ohm betragenden, Widerstandseinheit wurden Kopien angefertigt und an eine Reihe von Physikern versandt, in der Hoffnung, dadurch eine Übereinstimmung in den Messungen zu erzielen; doch zeigte es sich, daß die Kopien im Laufe der Zeit bis zu 8% differierten. Auch ist der Temperaturkoeffizient des Kupfers, wie derjenige der reinen Metalle überhaupt, sehr hoch (etwa 4 Promille pro Grad), wodurch genaue Messungen sehr erschwert wurden. Der Plan, auf diesem Wege zum Ziele zu gelangen, mußte daher aufgegeben werden, und Jacobi erklärte sich auch für die Siemens-Einheit.

Siemens selbst nimmt in der Frage der Widerstandseinheit folgenden Standpunkt ein[1]:

„Die Aufstellung eines willkürlich gewählten oder sich einem in der Natur gegebenen mehr oder weniger genau anschließenden materiellen Grundmaßes des Widerstandes, welches wie das Normalmetermaß irgendwo deponiert und durch Kopierung vervielfältigt würde, ist nicht ratsam, da keine Garantie vorhanden ist, daß der Widerstand desselben sich nicht ändert."

Abb. 5. Werner v. Siemens, geb. 13. 12. 1816, gest. 6. 12. 1892.

Wenn man erwägt, welche großen und vergeblichen Anstrengungen von verschiedenen Stellen gemacht worden sind, eine brauchbare Widerstandseinheit herzustellen, dann kann man erst richtig ermessen, einen wie großen Dienst W. v. Siemens der Technik und der Wissenschaft durch seine Widerstandseinheit geleistet hat. Er erkannte, daß das Quecksilber zwei wertvolle Eigenschaften besitzt, die es für eine reproduzierbare Widerstandseinheit besonders geeignet erscheinen lassen. Erstens läßt es sich leicht in größter Reinheit herstellen und zweitens ist seine Leitfähigkeit, da es eine Flüssigkeit ist, nicht wie diejenige der festen Metalle von der Bearbeitung abhängig. Daher ist es sehr zu bedauern, daß Werner von Siemens, der auch sonst für die Förderung der Wissenschaft und der Technik so außerordentlich viel beigetragen hat, bei den Bezeichnungen für elektrische Einheiten nicht berücksichtigt

[1] Siemens, W.: Wissensch. Abhandl. usw. l. c. S. 184. — Pogg. Ann. Bd. 127 (1866) S. 327.

worden ist[1]. Seinen Standpunkt hinsichtlich der Quecksilbereinheit hat er noch sehr verteidigen müssen, sowohl gegenüber der BA wie auch besonders gegen Matthiessen, der behauptete, daß nach seinen Untersuchungen Legierungen von Silber mit Gold oder Platin völlig unveränderlich seien, auch hinsichtlich ihres elektrischen Leitvermögens. Außerdem legte die BA den Hauptwert darauf, daß die Widerstandseinheit möglichst genau dem theoretischen Wert entsprechen solle, während Siemens mit Recht die Unveränderlichkeit der Einheit und ihre sichere Reproduzierbarkeit für das wesentlichste Erfordernis hielt. Näheres über diese Kontroversen, auf die hier nicht weiter eingegangen werden kann, siehe in der angeführten Mitteilung.

So waren hinsichtlich der Widerstandseinheit zwei Lager vorhanden, hier SE, dort BAU, und eine Einigung schien schwer möglich. Helmholtz äußert sich darüber:

„Da in den beiden Ländergruppen eine große Zahl von Widerstandsskalen hergestellt ist, die immerhin ein beträchtliches Kapital von Arbeit und Geld repräsentieren, so ist nicht anzunehmen, daß diese so leicht fortgeworfen werden, um ein anderes System einzuführen."

Indessen kam, wie gleich bemerkt sei, ein Kompromiß zustande; England gab die BAU, welche sich nicht bewährt hatte, auf und nahm prinzipiell die Quecksilbereinheit an, aber nicht die SE. Vielmehr sollte die Quecksilbersäule eine solche Länge erhalten, daß die so definierte Einheit dem absoluten Ohm möglichst nahe kam. Auf diese Weise verschwand auch der Name Siemens, denn die neue Einheit sollte den Namen Ohm erhalten mit einem Zusatz, der sie von dem Ohm bzw. Ohmad der BA unterschied, damit keine Verwirrung in den Einheiten entstände. Doch davon später.

Ähnlich verworren lagen die Verhältnisse bei der Einheit der Stromstärke. Von der BA waren bereits die Namen „Ohm" und „Volt" für die praktischen Einheiten des Widerstandes und der elektrischen Spannung festgelegt und allgemein angenommen worden. Der Name Ampere existierte noch nicht.

In Deutschland und einigen anderen Ländern war die Webersche Einheit der Stromstärke in Gebrauch (1 Weber = 0,1 A; Weber bezog die Maße auf mm und mg), in England aber unter demselben Namen eine zehnmal so große Einheit, die sich aus Volt/Ohm ergibt, also das heutige Ampere. Hierüber äußert sich Helmholtz folgendermaßen:

„Das ist nun eine ganze Zeitlang so gegangen; englische Angaben gingen in deutsche Bücher über und deutsche in englische, die bald die eine, bald die andere Einheit meinten, wodurch schließlich eine gründliche Konfusion entstand. Gerade dadurch, daß die BA vermieden hatte, den Namen Weber zu gebrauchen, war es verhältnismäßig schwer, herauszubringen, was dabei eigentlich vorgegangen war. Ich selbst habe es erst vor zwei Jahren bemerkt und meine Schüler darauf aufmerksam gemacht. Es ist durchaus nötig, den Namen Weber von dieser Zweideutigkeit zu befreien."

In den meisten deutschen Arbeiten wurde die eigentliche Weber-Einheit (= 0,1 A) und als Einheit der Spannung das Produkt dieser Einheit mit der SE, also eine ganz andere Einheit als das Volt benutzt.

---

[1] „Siemens" als Einheit des Leitwertes ist schon 1910 vom AEF angenommen worden, wird aber noch nicht allgemein verwendet.

Noch verwickelter wurde die Sache dadurch, daß der Name Weber auch als Einheit der Elektrizitätsmenge (im Weberschen Maßsystem) benutzt wurde, so daß dann die Einheit der Stromstärke gleich Weber/sec war[1]. Teilweise aber wurde diese Webersche Einheit auch „Farad" genannt, womit später die Einheit der Kapazität im praktischen System bezeichnet worden ist[2].

Man hat dann diese Schwierigkeiten und Unsicherheiten dadurch beseitigt, daß man für die Einheit der Stromstärke im praktischen System einen neuen Namen, nämlich „Ampere" einführte[3].

Über diese Namengebung schreibt Helmholtz:

„Es läßt sich nicht leugnen, daß in vielen Beziehungen die Anwendung der einfach bezeichnenden Namen, welche gewählt sind für passende Größen, eine große Erleichterung gewährt."

In England befand sich im Laboratorium des Board of Trade eine Rayleighsche Stromwaage (siehe S. 88), welche noch lange als Standard für die Stromeinheit diente. Eine Strommessung im heutigen Sinne war damals, da noch keine brauchbaren Normalelemente existierten, nicht möglich. Stromwaage, Tangentenbussole, Elektrodynamometer, mit denen man auch andere Strommesser eichen konnte, mußten zu diesem Zweck in Anwendung kommen. Auch gab es damals noch nicht die direkt zeigenden Drehspulinstrumente, die das Messen heute so bequem machen; man war auf Stromzeiger mit beweglichen Magneten angewiesen, die auch häufig wenig gedämpft waren. Nach diesem allen kann man sich ungefähr eine Vorstellung davon machen, wie schwierig und unbequem damals und auch noch auf längere Zeit hinaus genauere Messungen auf elektrischem Gebiet waren.

Im folgenden soll nun zunächst im Gegensatz hierzu der heutige Stand der Messungen und die hierfür zur Verfügung stehende Grundlage betrachtet werden, um zu zeigen, welches Ziel, vom Standpunkt der damaligen Zeit aus betrachtet, zu erreichen war. Es kann nicht wunder nehmen, daß es noch eine beträchtliche Zeit gedauert hat, bis man alle entgegenstehenden Schwierigkeiten überwunden hatte. Was man heute vielfach als selbstverständlich ansieht, war erst die Frucht großer Arbeit und Mühe. Auch günstige Zufälle haben dazu beigetragen, die heute vorhandenen, zuverlässigen Grundlagen für die elektrischen Messungen zu schaffen.

III. Gegenwärtiger Stand der elektrischen Messungen.

Da der gegenwärtige Stand der elektrischen Messungen als bekannt vorausgesetzt werden kann, sollen hier nur diejenigen Gesichtspunkte kurz rekapituliert werden, welche für den vorliegenden Zweck in Betracht kommen. Soweit geeichte Ausschlagsinstrumente, sog. direkt

[1] Vgl. Herwig, H.: Physikal. Begriffe u. Absolute Maße. S. 85. Leipzig: B. G. Teubner 1880.

[2] In späterer Zeit wurde auch 1 Weber = 10 A gesetzt (Elektromagn. CGS-Einheit).

[3] In den ursprünglichen Vorschlägen zum deutschen Gesetz (siehe S. 45) steht: „Amper".

zeigende Instrumente (Strom-, Spannungs-, Leistungs-, Widerstandsmesser usw.) zu den Messungen verwendet werden, ist nichts weiter zu bemerken. Die Angaben der nur auf Wechselstrom ansprechenden Instrumente werden in der Regel auf geeichte Gleichstrominstrumente zurückgeführt. Außerdem braucht man bei den Wechselstrommessungen noch geeichte Induktivitäten und Kapazitäten. Die Eichung der Instrumente wird in der Regel schon in den Fabriken vorgenommen. Mit solchen Instrumenten kann man bei ausreichender Sorgfalt und bei Beachtung gewisser Vorsichtsmaßregeln auf einige Promille genau messen, was für viele Zwecke ausreichend ist. Allerdings muß man sich auch auf die Unveränderlichkeit der Angaben verlassen können.

Nun ist noch zu betrachten, in welcher Weise die Eichungen selbst ausgeführt werden und wie verfahren werden muß, wenn die Genauigkeit geeichter Ausschlaginstrumente nicht ausreichend ist. Die Eichung der Strom-, Spannungs- und Leistungsmesser wird in der Regel auf die Angaben des Kompensationsapparates (auch Kompensator oder Potentiometer genannt) zurückgeführt, mit dem man eine Genauigkeit von rund 0,1 Promille erzielen kann.

Der Kompensator kann daher auch direkt zu Strom-, Spannungs- und Leistungsmessungen benutzt werden, falls eine größere Genauigkeit erzielt werden soll, als sie mit den Ausschlaginstrumenten zu erreichen ist. Durch die Genauigkeit des Kompensators ist auch die Grenze der in der Praxis bei elektrischen Messungen im allgemeinen zu erzielenden Genauigkeit gegeben. Dieser Apparat besteht bekanntlich aus einem Satz gut abgeglichener Widerstände und einem geeichten Normalelement. Um den im Kompensator fließenden Strom konstant zu halten, ist die Konstruktion desselben so getroffen, daß die Gesamtsumme der Widerstände auch bei der Verstellung der Kurbeln, an welchen die Spannung abgenommen wird, sich nicht ändert. Darauf kann hier nicht näher eingegangen werden. Der tatsächliche Widerstand der einzelnen Teile des Apparates braucht nicht bekannt zu sein; es genügt, wenn das Widerstandsverhältnis der einzelnen Teile richtig ist. Falls auch die Temperaturkoeffizienten der einzelnen Teile gleich sind, erhält man bei allen Temperaturen richtige Angaben. Ganz streng richtig sind natürlich weder die Widerstandsverhältnisse, noch die Temperaturänderungen, so daß bei großen Ansprüchen an die Genauigkeit auch die hierdurch entstehenden Fehler berücksichtigt werden müssen. Außerdem muß auch die Temperatur des Normalelements in Rechnung gesetzt werden; auch darf dieses bei der Einstellung am Kompensator nicht zu stark beansprucht werden, da es sich bei Stromdurchgang polarisiert und dann erst nach einiger Zeit wieder seinen normalen Wert annimmt (vgl. S. 57). Gewisse Vorsichtsmaßregeln sind also beim Gebrauch des Kompensators nicht zu vermeiden.

Im eigentlichen Sinne ist der Kompensator ein Spannungsmesser. Mittels Spannungsteilung, die durch die Kurbeleinstellung erfolgt, wird die zu messende Spannung mit derjenigen des Normalelementes verglichen und kann meist direkt an der Kurbelstellung abgelesen werden (bis auf Zehnerpotenzen). Man braucht also zu dieser Messung ein Spannungsverhältnis und die Spannung des Normalelementes; eine Spannung kann also direkt mit dem Apparat gemessen oder auf ihn zurückgeführt werden (Eichung). Um nun einen Strom mit dem Kompensator zu messen, muß man die Spannung bestimmen, welche der Strom an einem bekannten Widerstand hervorruft; hierzu braucht man also außer dem Widerstandsverhältnis und der Spannung des Normalelementes noch einen Widerstand, dessen Wert in Ohm bekannt ist. Die Leistungsmessung setzt sich zusammen aus einer Spannungs- und Strommessung und kann daher ebenfalls mit dem Kompensator ausgeführt werden. Ebenso kann man mit ihm zwei Widerstände vergleichen, da das Widerstandsverhältnis gleich dem Spannungsverhältnis ist, wenn beide Widerstände von dem gleichen Strom durchflossen werden.

Auf diese Weise werden also alle elektrischen Messungen in letzter Linie zurückgeführt auf Widerstände, die in Ohm und auf Normalelemente, die in Volt ausgewertet sind. Daß man im Kompensator im allgemeinen der Bequemlichkeit halber mittels des Normalelementes eine runde Stromstärke einstellt, sei nur nebenbei erwähnt; an sich ist das nicht wesentlich; aber man erhält, wenn dies geschieht, durch die Einstellung an den Kurbeln des Kompensators direkt bis auf eine Zehnerpotenz und eventuelle Korrektionen das gewünschte Resultat. Man erkennt also aus den vorstehenden Betrachtungen, daß die greifbaren Einheiten, auf welche alle elektrischen Messungen zurückgeführt werden, durch Normalwiderstände und Normalelemente dargestellt werden. Für den Strom hat man keine greifbare Einheit zur Verfügung; er muß stets indirekt gemessen werden.

Die Normalwiderstände selbst, sowie die Normalelemente werden nun in der Physikalisch-Technischen Reichsanstalt (PTR) bzw. den ihrer Kontrolle unterstellten Prüfämtern geeicht, d. h. auf die eigentlichen elektrischen Grundeinheiten zurückgeführt. Die PTR ist als die gesetzliche Zentralstelle für diese Eichungen eingesetzt, ebenso in anderen Ländern die entsprechenden Staatsinstitute, von denen später noch näher die Rede sein wird. Es ist ja auch klar, daß eine zentrale amtliche Stelle für die elektrischen Einheiten vorhanden sein muß, weil anderenfalls störende Unterschiede in den Einheiten auftreten würden. Auch ist es nur an einer solchen Stelle möglich, die Einheiten dauernd zu überwachen und zu kontrollieren. Die Vergleichung mit den Einheiten der anderen Staatsinstitute ermöglicht dann auch die so wichtige internationale Übereinstimmung der elektrischen Einheiten.

In welcher Weise die Gebrauchsnormale auf die gesetzlichen Grundeinheiten zurückgeführt werden, soll an späterer Stelle näher erläutert werden. Hier sei zunächst nur noch folgendes bemerkt. Während die greifbaren Einheiten der Praxis solche der Spannung und des Widerstandes sind, gilt das nicht für die gesetzlichen Einheiten. Die gesetzlichen Grundeinheiten sind vielmehr diejenigen der Stromstärke und des Widerstandes, das Ampere und das Ohm, und zwar nicht die Absolutwerte (Absol. Amp.), sondern die internationalen Werte (Int. Ampere). In Wirklichkeit sind also diese beiden Größen diejenigen Einheiten, welche allen anderen Größen und allen Eichungen, somit auch allen Messungen in Wissenschaft und Technik zugrunde liegen.

Die elektrischen Grundeinheiten, das intern. Amp. und Ohm, sind durch empirische Festsetzungen definiert, die später noch näher erläutert werden müssen (vgl. S. 45).

Aber neben diesen internationalen Einheiten werden in der Elektrotechnik auch noch Einheiten anderer Art benutzt, die nicht empirisch definiert sind. Für die magnetischen Messungen werden die Einheiten des elektromagnetischen CGS-Systems verwendet (siehe S. 94). Erst ganz kürzlich (1930) sind für verschiedene dieser Einheiten international durch die IEC besondere Namen festgesetzt worden. Ferner wird auch bei der Röntgeneinheit, die ebenfalls international angenommen worden ist (1928), die elektrostatisch gemessene Elektrizitätsmenge zugrunde gelegt. In der Hochfrequenztechnik ist es vielfach im Gebrauch, die Kapazität in elektrostatischem Maße (cm) anzugeben.

Bei den in der Elektrotechnik zur Zeit gebräuchlichen Einheiten ist also keine völlige Einheitlichkeit vorhanden. Dieser logische Mangel ist durch die geschichtliche Entwicklung der einzelnen getrennten Gebiete bewirkt worden und wird wohl kaum mehr zu beseitigen sein.

In dieser Darlegung handelt es sich aber in erster Linie um die Entwicklung der internationalen Maße, worunter man in engerem Sinne die oben erwähnten empirischen Einheiten zu verstehen hat, die dieses Beiwort (international) ausdrücklich führen, was bei den anderen Einheiten, die oben erwähnt wurden, nicht der Fall ist. Im folgenden sollen nun zunächst die eigentlichen internationalen Maße etwas näher betrachtet werden.

IV. Internationale elektrische Einheiten.

Die internationalen elektrischen Maße sind diejenigen, welche 1908 auf dem internationalen Elektrikerkongreß in London vereinbart worden sind, und für welche empirische Festsetzungen getroffen wurden. Diese Definitionen der beiden elektrischen Grundeinheiten des internationalen Ohm und Ampere können dem Sinn nach kurz folgendermaßen angegeben werden:

1 int. Ohm = 1,063 SE

1 int. Amp. = 1,118 mg Silber/sec.

Daß man die Definitionen gerade in dieser Weise getroffen hat, liegt daran, daß man die Grundeinheiten möglichst nahe gleich den absoluten Einheiten des elektromagnetischen praktischen Systems machen wollte, d. h. möglichst nahe dem absol. Ohm und Ampere.

An und für sich wäre das natürlich nicht notwendig gewesen, denn das hauptsächlichste Erfordernis für die Einheiten besteht darin, daß man mit Hilfe der getroffenen Festsetzungen die Grundeinheiten jederzeit mit Sicherheit reproduzieren und kontrollieren kann. Ihre Beziehungen zu mechanischen und anderen Größen muß durch besondere Messungen ermittelt werden. Aber wie schon gezeigt wurde, ist die für die Widerstandseinheit getroffene Vereinbarung eine Folge des Kompromisses zwischen England und Deutschland; die BA legte ganz besonderen Wert darauf, daß die Grundeinheiten möglichst nahe mit den absoluten Einheiten übereinstimmen sollten. Wie man nun auch darüber denken mag, jedenfalls hat die geschichtliche Entwicklung bei der Festlegung der internationalen Einheiten den Weg über die abso-

Abb. 6. André Marie Ampère, geb. 22. 1. 1775, gest. 10. 6. 1836.

luten elektromagnetischen Maße genommen und alle Messungen, welche zum Zweck der Definition der Einheiten vorgenommen wurden, standen unter diesem Zeichen.

Da nun auch die magnetischen Einheiten, soweit sie international festgelegt wurden, solche des elektromagnetischen Maßsystems sind und da außerdem mitunter auch das elektrostatische Maßsystem zur Verwendung kommt (siehe S. 12), so ist es erforderlich, zum besseren Verständnis der Zusammenhänge und der geschichtlichen Entwicklung zunächst die verschiedenen elektrischen Maßsysteme etwas näher ins Auge zu fassen.

V. Absolute Maßsysteme.

Da die mechanischen Größen und Einheiten mancherlei lehrreiche Analogien mit den elektrischen Einheiten zeigen, die das Verständnis der Beziehungen erleichtern und in manchen Fällen klären können, sei zunächst ein kurzer Blick auf die mechanischen Einheiten und ihre Grundlagen geworfen.

A. Mechanische Maße.

Alle mechanischen Größen (Beschleunigung, Kraft usw.) lassen sich auf drei Grundeinheiten zurückführen, die ganz beliebig gewählt werden können. Tatsächlich begegnet uns hier sofort ein tief einschneidender Dualismus hinsichtlich der Grundmaße, indem der Techniker als solche in der Regel die Kraft, die Länge und die Zeit verwendet, der Physiker dagegen Masse, Länge und Zeit. Dieser Dualismus ist zwar bedauerlich, aber wie es scheint, nicht mehr zu überbrücken. Über die Berechtigung der einen oder anderen Wahl zu streiten, hat keinen Sinn, da die Wahl vollkommen willkürlich ist und daher dem einen System ebensoviel Berechtigung zukommt wie dem anderen; dieser Dualismus ist ein Produkt der geschichtlichen Entwicklung. Auf andere mechanische „Systeme“ soll hier nicht eingegangen werden. Masse und Kraft, wodurch sich die beiden Systeme unterscheiden, sind ganz wesensverschiedene Größen. Die Masse ist zum Teil nur eine scheinbare, wie sich aus der Relativitätstheorie ergibt; z. B. ist die Masse eines ruhenden Elektrons kleiner als diejenige des bewegten.

Abb. 7. Georg Simon Ohm, geb. 16. 3. 1789, gest. 1854.

Drückt man nun die mechanischen Größen durch die drei gewählten Grundeinheiten aus, so erhält man die sog. „Dimensionen“ dieser Größen, deren Gebrauch auf Fourier zurückzuführen ist. Die Dimensionen bezeichnet man durch eckige Klammern. Wird die Kraft mit K, die Masse mit M, die Länge mit L, die Zeit mit T bezeichnet, so ist

z. B. die Dimension einer Geschwindigkeit gleich $[L/T]$. Im allgemeinen sind aber die Dimensionen in beiden Systemen verschieden; z. B. ist die Dimension der Dichte technisch gleich $[K\, T^2\, L^{-4}]$, physikalisch gleich $[M\, L^{-3}]$ und die Energie technisch $[K L]$, physikalisch $[M L^2\, T^{-2}]$. Innerhalb desselben Systems sind wieder verschiedene Möglichkeiten vorhanden, je nachdem man für die Länge cm, m usw., für die Kraft bzw. Masse kg, g usw., für die Zeit Sekunden, Minuten usw. wählt. Diejenigen Systeme, bei denen Gramm, Zentimeter, Sekunde verwandt werden, bezeichnet man als das CGS-System. Die Einheit der Kraft ist in diesem System das „Dyn“ (nahe gleich 1 mg Gewicht), diejenige der Energie das „Erg“ (= Dyn × cm). Dyn und Erg werden auch als „Absolute Maße“ bezeichnet im Gegensatz zu Kilogramm und Kilogrammeter. Durch Anwendung der angegebenen Namen vereinfachen sich die Dimensionsbezeichnungen zum Teil erheblich, wie ja auch auf dem Gebiete der Elektrizität und des Magnetismus durch die Einführung von Namen für einige der Größen die Ausdrucksweise sehr viel bequemer geworden ist.

Auf einen Umstand sei hier gleich hingewiesen, der auch für die Betrachtung der elektrischen Größen von Bedeutung ist; das ist nämlich die Dimensionsgleichheit des Drehmoments und der Arbeit. Beiden kommt die Dimension zu $[K L]$ oder im CGS-System [Dyn · cm] bzw. [Erg]. Dabei ist aber zu beachten, daß das Drehmoment einen axialen Vektor darstellt, die Arbeit dagegen einen Skalar. Trotz der Dimensionsgleichheit sind also die beiden Größen durchaus wesensverschieden. Hieran aber hat man in keiner Weise Anstoß genommen. Wenn man den Quotient beider Größen bilden würde, so würde dieser die Dimension Null haben $[M^\circ L^\circ T^\circ]$, obwohl er keineswegs eine reine Zahl sein kann. Die Dimension gibt ja auch nur an, wie die betreffende Größe sich beim Übergang zu anderen Grundeinheiten, also vom cm zum m usw. ändert; irgendeine metaphysische Bedeutung kommt ihr nicht zu. Das Drehmoment und die Arbeit ändern sich also in gleicher Weise bei einem Übergang zu anderen Grundeinheiten, eine Größe mit der Dimension Null ändert sich gar nicht dabei. Solche Größen bezeichnet man meist als „dimensionslos“; diese Bezeichnung ist die Quelle sehr vieler Mißverständnisse und unnötiger Kontroversen gewesen. Die Dimension ist ebenso wie die Wahl der Grundeinheiten durchaus willkürlich. Man kann deshalb auch nicht sagen, daß irgendeiner Größe eine bestimmte, ihr eigentümliche Dimension zukommen müsse; denn jede andere ist ebenso berechtigt.

Von Interesse ist es auch, die Grundeinheiten der mechanischen Größen selbst näher zu betrachten, also die Grundeinheiten der Kraft, Masse, Länge und Zeit; hierbei ergeben sich ebenfalls interessante Analogien mit den elektrischen Grundeinheiten. Man war ursprünglich bestrebt, die Grundeinheiten für Länge und Masse so zu definieren, daß sie reproduzierbar waren, so wie es jetzt bei den elektrischen Einheiten der Fall ist. Das Meter sollte der zehnmillionste Teil des Erdquadranten sein und durch Meridianmessungen bestimmt werden, das Kilogramm sollte dargestellt werden durch die Masse Wasser, welche bei 4° C (Dichtemaximum) in einem Kubikdezimeter enthalten ist. Die aus den Messungen sich ergebenden Grundmaße für Länge und Masse wurden in sog. „Prototypen" verkörpert, die im Bureau international des Poids et Mesures in Sèvres bei Paris aufbewahrt werden, und von denen die der Meterkonvention angeschlossenen Länder Kopien erhielten. Die Prototype sind aus Platin gefertigt, und man nimmt an, daß sie ebenso wie die Kopien, die von Zeit zu Zeit mit den Urmaßen verglichen werden, in sehr weitgehendem Maße unveränderlich sind. Die Längenmaße, die meist aus Strichmaßen bestehen, sind natürlich nur bei einer bestimmten Temperatur (0° C) richtig. Spätere Wiederholungen der Messungen haben aber gezeigt, daß man auf die Reproduzierbarkeit der Urmaße verzichten muß, da die Messungen mit Fehlern behaftet sind, die in Anbetracht der Genauigkeit der Längen- und Gewichtsbestimmungen zu groß sind. Daher gelten die in Breteuil aufbewahrten Prototype selbst als die Urmaße für Länge und Masse. Allerdings ist die Abweichung des Kilogrammprototyps von seiner Definition nur gering, da sie nur etwa $2{,}5 \cdot 10^{-5}$ beträgt, so daß hier auch im Notfall, wenn das Prototyp verlorenginge, eine Reproduktion des Maßes innerhalb dieser Grenzen möglich wäre. Das durch das Gewicht des Wassers bestimmte Volumen (Liter) stimmt also nicht ganz überein mit dem ausgemessenen Volumen (Kubikdezimeter), ein Umstand, der auch bei den elektrischen Einheiten eine Rolle spielt. Bei dem Längenmaß ist die Reproduzierbarkeit durch Meridianmessungen zu ungenau; indessen hat sich neuerdings die Möglichkeit einer anderen Reproduzierbarkeit ergeben. Dies ist sehr wesentlich, da man doch immerhin mit der Möglichkeit des Verlustes bzw. der Zerstörung des Urmaßes rechnen muß. Zur Reproduktion der Längeneinheit kann die Ausmessung derselben durch eine gut definierte Wellenlänge des Lichtes benutzt werden, wofür man hauptsächlich die rote Kadmiumlinie bei bestimmter Temperatur und gegebenem Druck verwendet. Eine solche Ausmessung ist zuerst von Michelson vorgenommen worden. Vorausgehen muß natürlich zunächst die umgekehrte Messung, nämlich diejenige der Wellenlänge für die betreffende Spektrallinie in Einheiten des Urmaßes. Eine derartige Messung wird zur Zeit in der PTR ausgeführt[1]. Wenn dies mit der genügenden Genauigkeit geschehen ist, besteht also die Möglichkeit, das Urmeter stets zu reproduzieren bzw. seine Unveränderlichkeit zu kontrollieren. Für die Masseneinheit besteht diese Möglichkeit, wie gezeigt wurde, nur in viel geringerem Maße.

Für das Kilogramm-Gewicht kann man nicht, wie für die entsprechende Masse, ein Prototyp herstellen, das man aufbewahrt. Man muß den Umweg über die Masse nehmen und das normale Kilogrammgewicht, das als Einheit dem technischen System zugrunde liegt, als das Gewicht des Kilogrammprototyps an einem Ort definieren, an dem die Schwerebeschleunigung den Normwert besitzt, für den die Zahl $980{,}665\ \mathrm{cm} \cdot \mathrm{sec}^{-2}$ festgesetzt worden ist, die sich von derjenigen bei

---

[1] Vgl. Tätigkeitsberichte der PTR in Z. Instrumentenkde. aus den letzten Jahren.

45° Breite und in Meereshöhe (980,62) nur wenig unterscheidet (um etwa $5 \cdot 10^{-5}$). Prinzipiell könnte eine Federwaage als Gewichtsstandard benutzt werden, aber nur bei sehr geringen Ansprüchen an die Genauigkeit. Der Umstand, daß sich das Gewicht einer Masse von Ort zu Ort ändert, ist ein Nachteil des technischen Systems der Mechanik, ein Nachteil, der allerdings in vielen Fällen wegen der Geringfügigkeit der Änderung nicht störend wirkt.

Bei der dritten Grundeinheit, der Zeit bzw. Zeitdifferenz (in mittlerer Sonnenzeit ausgedrückt), ist man zunächst nur auf die Umdrehungsgeschwindigkeit der Erde angewiesen (Sternzeit), von der man also annehmen muß, daß sie stets gleichmäßig und unveränderlich ist. Ein anderes Zeitmaß von annähernd derselben Genauigkeit ist bisher nicht vorhanden; eine Reproduzierbarkeit kommt hier nicht in Frage. Aber fürs erste kann man sich wohl darauf verlassen, daß die Unveränderlichkeit des Zeitmaßes nicht irgendwie gefährdet ist.

Bemerkenswert ist auch noch folgender Umstand. In der Astronomie wird der Bequemlichkeit halber vielfach eine Masseneinheit benutzt, die sog. „Astronomische Masse“, die sich aus der Gravitationsgleichung ergibt, wenn man den Gravitationsfaktor dimensionslos gleich eins setzt, während sonst die Gravitationskonstante aus der Massenanziehung gleich $6{,}6_5 \cdot 10^{-8}$ Dyn · cm^2 · g^{-2} berechnet wird. Die Masse ist dann keine selbständige Größe mehr, sondern hat die Dimension $[L^3\,T^{-2}]$. Dadurch, daß für die Gravitationskonstante eine willkürliche Annahme gemacht wird, vermindert sich also die Zahl der Grundeinheiten um eine; statt drei Grundeinheiten (M, L, T) sind dann nur noch zwei vorhanden (L, T). Ähnliche Verhältnisse liegen bei den elektrischen Einheiten vor, wovon noch die Rede sein wird.

Da die mechanischen Grundmaße auch bei den elektrischen Größen, und zwar nicht nur bei den sog. absoluten Maßen derselben eine Rolle spielen, erschien es notwendig, diese Grundlagen etwas näher zu betrachten. Aber bei den elektrischen Maßen sind auch sonst ähnliche Erwägungen von Bedeutung wie bei den mechanischen Einheiten, Fragen, welche die Definition, Reproduzierbarkeit oder Standardisierung der Einheiten betreffen. Auch die Frage, ob rein empirisch definierte Grundmaße oder durch sog. absolute Messungen kontrollierte Maße vorzuziehen sind, wird dort zu erörtern sein. Dieses sind reine Zweckmäßigkeitsfragen, die nur durch eingehende, über lange Zeit erstreckte, sehr genaue Messungen zu entscheiden sind.

B. Elektrische Maßsysteme.

Bei den elektrischen Maßsystemen liegen die Verhältnisse komplizierter als bei den mechanischen, weil hier im wesentlichen drei grundlegend verschiedene Maßsysteme als ein Produkt der geschichtlichen Entwicklung vorhanden sind; möglich sind an sich beliebig viele Systeme. Wie man später sehen wird, genügen bei den elektrischen Maßen nur dann die drei mechanischen Grundmaße der Masse, Länge und Zeit, wenn über gewisse Konstanten eine willkürliche Verfügung getroffen wird (vgl. oben „Astronomische Masse“). Legt man dagegen die beiden empirischen Einheiten des Ohm und Ampere zugrunde, so braucht man noch die Längen- und Zeiteinheit, also im ganzen vier Grundeinheiten, um die Dimensionen für alle vorkommenden elektrischen und magnetischen Größen aufstellen zu können.

Geschichtlich muß man sich aber auf den Standpunkt stellen, daß die empirischen Grundmaße (Ohm und Ampere) erst verhältnismäßig spät festgelegt werden konnten, nachdem auch die erforderlichen Gebrauchsnormale vorhanden waren, und daß man deshalb lange hindurch darauf angewiesen war, die elektrischen Größen auf anderem Wege zu messen. Hierzu dienten aber die sog. „absoluten" Maßsysteme.

Abb. 8. Carl Friedrich Gauß, geb. 30. 4. 1777, gest. 23. 2. 1855.

Es ist ein sehr großes Verdienst von Gauß und W. Weber, ein System aufgestellt zu haben, in welchem alle elektrischen und magnetischen Größen auf Länge, Masse und Zeit zurückgeführt waren und mittels dessen man imstande war, die zur Ermittlung der verschiedenen Größen notwendigen Messungen auszuführen. Maxwell[1] schreibt darüber:

„Wir haben dem großen Weber unendlich viel auf dem Gebiete der Elektrizitätslehre zu verdanken. Er hat unsere Wissenschaft mächtig gefördert, als er die absoluten Einheiten zur Messung der elektrischen Größen einführte. Erst hat er im Verein mit Gauß die Messung der magnetischen Größen auf die höchste Stufe der Präzision gebracht, dann gab er in seinen ‚elektrodynamischen Maßbestimmungen' die Grundlagen zur Fixierung der Maßeinheiten, die eine Anwendung finden sollten, und schließlich lehrte er die einzelnen elektrischen Größen mit einem nie geahnten Grade der Genauigkeit in diesen Einheiten zu messen. Seinen Untersuchungen haben wir die theoretische Ausbildung und praktische Anwendung des elektrodynamischen wie des elektromagnetischen Maßsystems zu verdanken."

Bei der Aufstellung der elektrischen Maßsysteme, die schließlich zu den internationalen Einheiten geführt haben, ist man ausgegangen von dem Coulombschen Attraktionsgesetz der elektrischen und magne-

[1] Maxwell, Cl.: l. c. Art. 545.

tischen Massen, das dem Gravitationsgesetz der mechanischen Massen ganz analog ist. Nach diesem Gesetz ist die Anziehung bzw. Abstoßung zweier isolierter elektrischer oder magnetischer Massenpunkte diesen Massen proportional und umgekehrt proportional dem Quadrat ihrer Entfernung. Daraus wird dann die Definition dieser Massen abgeleitet, ganz in Analogie zu der „astronomischen Masse" (siehe S. 17). Diese Gesetze sind von grundlegender Bedeutung für die Theorie der Elektrizität und des Magnetismus, da ja die Richtigkeit aller Maße und Messungen davon abhängt, daß dieses Gesetz in voller Strenge gültig ist. Für mechanische Massen ist das Gravitationsgesetz durch alle astronomischen Beobachtungen und Messungen zur Evidenz erwiesen worden, wobei allerdings der Vollständigkeit halber zu bemerken ist, daß nach der Einsteinschen Relativitätstheorie das Gravitationsgesetz nur eine Annäherung eines allgemeineren Gesetzes darstellt, so daß unter Umständen auch Abweichungen von diesem Gesetz stattfinden.

Abb. 9. Wilhelm Weber, geb. 24. 10. 1804, gest. 24. 6. 1891.

Für die Gültigkeit des Attraktionsgesetzes elektrischer Massen läßt sich nun ein strenger mathematischer Beweis erbringen. Durch experimentelle Forschung ist die Tatsache vollständig sichergestellt, daß eine gleichmäßig elektrisierte Kugelfläche auf einen innerhalb der Kugel befindlichen elektrischen Massenpunkt keinerlei Wirkung ausübt. Wie Maxwell (Art. 74e) näher ausführt, hat nun Laplace mathematisch nachgewiesen, daß diese Tatsache nur vereinbar ist mit einem Attraktionsgesetz, nach welchem die Anziehung bzw. Abstoßung genau umgekehrt proportional dem Quadrat der Entfernung der Massen erfolgt[1].

[1] Cavendish hatte schon früher ähnliche Betrachtungen theoretischer Art angestellt, die aber insofern nicht so allgemein waren wie die von Laplace, als er von vornherein annahm, daß die Anziehung irgendeiner Potenz der Entfernung proportional sei (vgl. Maxwell l. c. Art. 74d).

Dieser Nachweis ist sehr wertvoll, denn der experimentelle Beweis, den Coulomb (Ende des 18. Jahrhunderts) mittels seiner Torsionswaage erbracht hat, besitzt keine sehr große Genauigkeit, da bei diesen Messungen sehr viele störende Fehlerquellen auftreten. Für die magnetichen Messsungen läßt sich ein analoger mathematischer Beweis naturgemäß nicht erbringen, auch lassen sich die magnetischen Massen nicht wie die elektrischen isolieren, da der Magnetismus stets doppelpolig ist. Um hier den experimentellen Nachweis der Gültigkeit des Attraktionsgesetzes mit seiner Drehwaage zu erbringen, benutzte Coulomb sehr lange dünne, mit großer Sorgfalt in der Längsrichtung magnetisierte Stahlstäbe, bei denen praktisch nur ein Pol in Wirkung tritt, da der andere sehr weit entfernt ist. Auch die Beobachtungen von Gauß und Weber, sowie anderer Beobachter in magnetischen Observatorien haben das Gesetz für die magnetischen Massen innerhalb der Versuchsfehler bestätigt. Eine noch stärkere Begründung liegt in den Gesetzen, denen die magnetischen Erscheinungen folgen (Maxwell). Die Grundlagen des Coulombschen Attraktionsgesetzes können daher als vollkommen gesichert angesehen werden; irgendein Widerspruch gegen diese Annahmen hat sich bis jetzt nicht ergeben. Da die Anziehung und Abstoßung in der Richtung der Verbindungslinie der Massen erfolgt, so handelt es sich dabei um sog. Zentralkräfte, welche die Gesetze der Potentialtheorie befolgen (z. B. $\mathfrak{E} = -\nabla U$).

Abb. 10. Charles Augustin de Coulomb, geb. 14. 6. 1736, gest. 23. 8. 1806.

Da die Betrachtungen für elektrische und magnetische Massen ganz analog sind, so genügt es, zunächst das elektrische System ins Auge zu fassen, bei dem man von der Anziehung zweier elektrischer Massen ausgeht[1].

[1] Vgl. hierzu Abraham-Föppl: Theorie der Elektrizität. Berlin u. Leipzig: B. G. Teubner.

Betrachtet man zwei gleichgroße elektrische Massen e, deren Entfernung gleich r ist, und bezeichnet ε_0 den Wert der Dielektrizitätskonstante für das Vakuum, so ist die Anziehungskraft K der Massen im Vakuum ohne Rücksicht auf das Vorzeichen:

$$K = \frac{e^2}{\varepsilon_0 r^2}\,, \text{ woraus folgt } e = \sqrt{K r^2 \varepsilon_0}\,. \tag{1}$$

Da nun die Dimension von K gleich $[M \cdot L \cdot T^{-2}]$ ist und r eine Länge darstellt, so folgt für die Dimension der Elektrizitätsmenge im elektrischen System:

$$[e] = [M^{1/2} L^{3/2} T^{-1} \varepsilon^{1/2}], \tag{2}$$

wobei also die Dimension von ε_0, dessen Index im folgenden der Einfachheit halber fortgelassen wird, noch offengelassen ist.

Aus der Elektrizitätsmenge e kann man nun alle anderen elektrischen Größen ableiten, denn es ist[1]:

$$i = de/dt,\quad e\mathfrak{E} = \text{Kraft},\quad U = \int \mathfrak{E}\, d\mathfrak{s},\quad \mathfrak{D} = \varepsilon_0 \mathfrak{E} \text{ (im Vakuum)},$$
$$R = U/i\,,\quad C = e/V^{\,2}, \tag{3}$$

woraus also die Dimensionen von i, $\mathfrak{E}$, $\mathfrak{D}$, U, R und C berechnet werden können. Z. B. ist:

$$[\mathfrak{E}] = [M^{1/2} \cdot L^{-1/2} \cdot T^{-1} \cdot \varepsilon^{-1/2}]\,. \tag{4}$$

Um nun weiter die magnetischen Größen in diesem elektrischen System zu erhalten, muß man die Maxwellschen Verkettungsgleichungen anwenden. Die erste Maxwellsche Gleichung lautet allgemein (ohne Berücksichtigung des Leitungsstromes und in rationaler Form):

$$\frac{1}{k} \cdot \frac{d\mathfrak{D}}{dt} = \operatorname{rot} \mathfrak{H}\,, \tag{5}$$

worin k eine vorläufig unbestimmte Konstante bedeutet. Da für die Dimensionen der Rotor als eine Division mit einer Länge anzusehen ist und der Differentialquotient nach der Zeit als eine Division durch eine Zeit, so ergibt sich hieraus für die Dimension von $\mathfrak{H}$:

$$[\mathfrak{H}] = [\mathfrak{D} \cdot L \cdot T^{-1} \cdot k^{-1}] = [\mathfrak{E} \cdot L \cdot T^{-1} \cdot \varepsilon \cdot k^{-1}]. \tag{6}$$

Aus der zweiten Maxwellschen Gleichung folgt die Induktion $\mathfrak{B}$. In allgemeiner Form gilt ohne Rücksicht auf das Zeichen:

$$\frac{1}{k} \cdot \frac{d\mathfrak{B}}{dt} = \operatorname{rot} \mathfrak{E}\,. \tag{7}$$

Daraus ergibt sich in analoger Weise:

$$[\mathfrak{B}] = [\mathfrak{E} \cdot L^{-1} \cdot T \cdot k]. \tag{8}$$

Setzt man hierin die Dimension von $\mathfrak{E}$ ein (siehe Gl. 4), so erhält man:

$$[\mathfrak{H}] = [M^{1/2} \cdot L^{1/2} \cdot T^{-2} \cdot k^{-1}] \quad \text{und} \quad [\mathfrak{B}] = [M^{1/2} \cdot L^{-3/2} \cdot \varepsilon^{-1/2} \cdot k]. \tag{9}$$

---

[1] i = Stromstärke, t = Zeit, $\mathfrak{E}$ = elektr. Feldstärke, U = elektr. Spannung, $\mathfrak{s}$ = Linienelement, $\mathfrak{D}$ = elektr. Verschiebung, R = Widerstand, C = Kapazität.

Da $\mathfrak{B} = \mu\,\mathfrak{H}$ [1] ist, so folgt daraus für die Dimension der Permeabilität μ im elektrischen System:

$$[\mu] = [L^{-2} \cdot T^2 \cdot \varepsilon^{-1} \cdot k^2]. \tag{10}$$

Ferner ist $[\Phi] = [\mathfrak{B} \cdot L^2]$ und $[\mu\, L\, i] = [\Phi]$, woraus die Dimensionen von Φ und L folgen (Φ = magnet. Fluß, L = Induktivität).

Wenn man in ganz analoger Weise von dem Attraktionsgesetz magnetischer Massen ausgeht, erhält man ein hierauf aufgebautes magnetisches System. Für die Dimension der magnetischen Masse ergibt sich eine der Gleichung 2 ganz analoge Beziehung, in der nur ε durch μ ersetzt ist. Ferner gilt wieder: $\mathfrak{H} \times$ magnet. Masse = Kraft und $\mathfrak{B} = \mu\,\mathfrak{H}$, woraus die Dimensionen von $\mathfrak{B}$ und $\mathfrak{H}$ im magnetischen System, sodann auch Φ und L folgen:

$$[\mathfrak{H}] = [M^{1/2} \cdot L^{1/2} \cdot T^{-1}\, \mu^{-1/2}] \text{ und } [\mathfrak{B}] = [M^{1/2} \cdot L^{-1/2} \cdot T^{-1} \cdot \mu^{1/2}]. \tag{11}$$

Hieraus sind nun wieder die elektrischen Größen durch die Maxwellschen Gleichungen 5 und 7 abzuleiten, woraus sich $\mathfrak{E}$, $\mathfrak{D}$ und ε im magnetischen System ergibt:

$$[\mathfrak{E}] = [M^{1/2} \cdot L^{1/2} \cdot T^{-2} \cdot \mu^{1/2} \cdot k^{-1}] \quad \text{und} \quad [\mathfrak{D}] = [M^{1/2} \cdot L^{-3/2} \cdot \mu^{-1/2} \cdot k],$$

$$[\varepsilon] = [L^{-2} \cdot T^2 \cdot \mu^{-1} \cdot k^2]. \tag{12}$$

Hieraus folgen dann weiter alle anderen elektrischen Größen im magnetischen System nach den in Gleichung 3 angegebenen Beziehungen.

In der folgenden Tabelle sind die im vorstehenden abgeleiteten Hauptgrößen im elektrischen und magnetischen System zusammengestellt, aus denen sich dann auch die Dimensionen aller anderen Größen ergeben. Es würde zu weit führen, alle diese Dimensionen hier anzugeben[2].

Allgemeine Dimensionen im elektrischen und magnetischen System.

	System	
	Elektrisch (ε und k)	Magnetisch (μ und k)
ε	$[\varepsilon]$	$[L^{-2} \cdot T^2 \cdot \mu^{-1} \cdot k^2]$
μ	$[L^{-2} \cdot T^2 \cdot \varepsilon^{-1} \cdot k^2]$	$[\mu]$
$\mathfrak{E}$	$[M^{1/2} \cdot L^{-1/2} \cdot T^{-1} \cdot \varepsilon^{-1/2}]$	$[M^{1/2} \cdot L^{1/2} \cdot T^{-2} \cdot \mu^{1/2} \cdot k^{-1}]$
$\mathfrak{D}$	$[M^{1/2} \cdot L^{-1/2} \cdot T^{-1} \cdot \varepsilon^{1/2}]$	$[M^{1/2} \cdot L^{-3/2} \cdot \mu^{-1/2} \cdot k]$
$\mathfrak{H}$	$[M^{1/2} \cdot L^{1/2} \cdot T^{-2} \cdot \varepsilon^{1/2} \cdot k^{-1}]$	$[M^{1/2} \cdot L^{-1/2} \cdot T^{-1} \cdot \mu^{-1/2}]$
$\mathfrak{B}$	$[M^{1/2} \cdot L^{-3/2} \cdot \varepsilon^{-1/2} \cdot k]$	$[M^{1/2} \cdot L^{-1/2} \cdot T^{-1} \cdot \mu^{1/2}]$

Die Dimensionen der Größen in beiden Systemen sind, wie man sieht, ganz symmetrisch. Das elektrische System enthält außer Länge, Masse und Zeit (M, L, T) noch die beiden Konstanten ε und k, das magnetische System die Konstanten μ und k. Die Dimensionen und

[1] Neben a) $\mathfrak{B} = \mu\,\mathfrak{H}$ findet man neuerdings mitunter b) $\mathfrak{B} = \mu\,\Pi\,\mathfrak{H}$, wobei in (b) an Stelle von μ das Produkt $\mu\,\Pi$ tritt, in welchem μ eine reine Zahl und Π die Permabilität im Vakuum bedeutet.

[2] Außer Abraham-Föppl vgl. z. B. Geiger u. Scheel: Handb. d. Physik, Bd. 16. Artikel von W. Jaeger S. 8. Berlin: Julius Springer 1927.

Werte dieser Konstanten sind noch unbestimmt gelassen. Sie sind aber nicht unabhängig voneinander, sondern durch eine Gleichung verknüpft, so daß nur über zwei derselben willkürlich verfügt werden darf. Die Verknüpfung der Konstanten ergibt sich aus den Maxwellschen Wellengleichungen. Um diese zu erhalten, differentiiert man eine der Gleichungen 5 und 7 nach der Zeit und setzt den Wert, der sich z. B. aus Gleichung 5 für $\frac{d\mathfrak{H}}{dt}$ ergibt, in Gleichung 7 ein. Dann folgen die beiden Wellengleichungen, die für einen Körper mit den Konstanten ε und μ gelten:

$$\frac{d^2\mathfrak{E}}{dt^2} = v^2 \Delta \mathfrak{E}$$

und

$$\frac{d^2\mathfrak{H}}{dt^2} = v^2 \Delta \mathfrak{H} . \qquad (13)$$

Hierin ist $v = \frac{k}{\sqrt{\varepsilon\mu}}$ die Fortpflanzungsgeschwindigkeit der Wellen in dem betreffenden Körper. Im Vakuum ist nun die Fortpflanzungsgeschwindigkeit $v = c$ (kritische Geschwindigkeit) und ferner $\varepsilon = \varepsilon_0$ und $\mu = \mu_0$. Somit erhält man die Bedingungsgleichung:

$$c = \frac{k}{\sqrt{\varepsilon_0 \mu_0}} . \qquad (14)$$

Diese Bedingung muß in jedem Maßsystem erfüllt sein; prinzipiell kann dies in beliebig vielen Weisen geschehen. Doch sind nur drei verschiedene Systeme im Gebrauch, die daraus abgeleitet werden können, das Gaußsche System und die beiden von Maxwell aufgestellten Systeme, das elektrostatische und das elektromagnetische.

Abb. 11. James Clerk Maxwell, geb. 13. 6. 1831, gest. 5. 11. 1879.

1. Im Gaußschen System erhalten ε_0 und μ_0 die Dimension Null und den Wert 1; dann wird nach Gleichung 14 $k = c$. Die Maxwellschen Gleichungen 5 und 7 lauten dann:

$$\frac{1}{c}\frac{d\mathfrak{D}}{dt} = \text{rot } \mathfrak{H} , \quad -\frac{1}{c}\frac{d\mathfrak{B}}{dt} = \text{rot } \mathfrak{E} . \qquad (15)$$

2. Bei den Maxwellschen Systemen wird der Konstante k die Dimension Null und der Wert 1 erteilt; dann muß gelten:

$$c = \frac{1}{\sqrt{\varepsilon_0 \mu_0}} \tag{16}$$

und die Maxwellschen Gleichungen lauten:

$$\frac{d\mathfrak{D}}{dt} = \text{rot}\ \mathfrak{H}, \quad -\frac{d\mathfrak{B}}{dt} = \text{rot}\ \mathfrak{E}; \tag{17}$$

daraus ergeben sich dann die beiden folgenden Systeme:

a) elektrostatisches System: die Konstante ε_0 erhält die Dimension Null und den Wert 1; infolgedessen wird $\mu_0 = \frac{1}{c^2}$

b) im elektromagnetischen System erhält die Konstante μ_0 die Dimension Null und den Wert 1, so daß $\varepsilon_0 = \frac{1}{c^2}$ wird.

Die Gleichung 16 würde z. B. auch erfüllt sein, wenn man $\varepsilon_0 = \frac{1}{c}$ und $\mu_0 = \frac{1}{c}$ setzen würde; ein solches System ist aber nicht vorgeschlagen worden, und man hat genug an den bestehenden Systemen.

Wendet man die vorstehenden Bedingungen auf die Systeme der Tabelle S. 22 an, so erhält man daraus das Gaußsche System (und zwar aus dem elektrischen und magnetischen System in gleicher Weise), wenn man in den Dimensionen ε_0 und μ_0 gleich 1 und für k setzt $c = \frac{L}{T}$. Bei den Maxwellschen Systemen dagegen ist $k = 1$ zu setzen. Wird dann im elektrischen System (Tabelle S. 22) noch $\varepsilon_0 = 1$ gesetzt, so erhält man das elektrostatische System, ebenso das elektromagnetische aus dem magnetischen System, wenn man in diesem $\mu_0 = 1$ setzt. Für die 6 Größen der Tabelle S. 22 ergeben sich dann in den 3 Systemen die in folgender Tabelle angegebenen Dimensionen.

Dimensionen in den drei absoluten Maßsystemen und Verhältnis E_m/E_s

Bezeichnung	Systeme Gauß $\varepsilon_0=1;\ \mu_0=1;\ k=c$	 Elektrostatisch(E_s) $\varepsilon_0=1;\ k=1$	 Elektromagn.(E_m) $\mu_0=1;\ k=1$	Verhältnis: $\frac{\text{Elektromagnet.}}{\text{Elektrostat}}$
ε	[0]	[0]	$[L^{-2} \cdot T^2]$	$\frac{1}{c^2}$
μ	[0]	$[L^{-2} \cdot T^2]$	[0]	c^2
$\mathfrak{E}$	$[M^{1/2} \cdot L^{-1/2} \cdot T^{-1}]$	$[M^{1/2} \cdot L^{-1/2} \cdot T^{-1}]$	$[M^{1/2} \cdot L^{1/2} \cdot T^{-2}]$	c
$\mathfrak{D}$	$[M^{1/2} \cdot L^{-1/2} \cdot T^{-1}]$	$[M^{1/2} \cdot L^{-1/2} \cdot T^{-1}]$	$[M^{1/2} \cdot L^{-3/2}]$	$\frac{1}{c}$
$\mathfrak{H}$	$[M^{1/2} \cdot L^{-1/2} \cdot T^{-1}]$	$[M^{1/2} \cdot L^{1/2} \cdot T^{-2}]$	$[M^{1/2} \cdot L^{-1/2} \cdot T^{-1}]$	$\frac{1}{c}$
$\mathfrak{B}$	$[M^{1/2} \cdot L^{-1/2} \cdot T^{-1}]$	$[M^{1/2} \cdot L^{-3/2}]$	$[M^{1/2} \cdot L^{-1/2} \cdot T^{-1}]$	c

Außer den Dimensionen ist in der letzten Spalte der Tabelle auch noch das Verhältnis der Dimensionen zwischen dem elektromagnetischen (E_m) und dem elektrostatischen System (E_s) angegeben, das eine gewisse Rolle spielt. Wie man sieht, geht in dieses Verhältnis die kritische Geschwindigkeit c (Lichtgeschwindigkeit) in verschiedenen Potenzen ein. Ferner ist der Tabelle zu entnehmen, daß im Gaußschen System die Dimensionen der elektrischen Größen (ε, $\mathfrak{E}$, $\mathfrak{D}$) denjenigen des elektrostatischen Systems gleich sind und die Dimensionen der magnetischen Größen (μ, $\mathfrak{H}$, $\mathfrak{B}$) denjenigen des elektromagnetischen Systems. Das Gaußsche System zeichnet sich durch eine ganz besondere Einfachheit aus, da alle 4 Größen ($\mathfrak{E}$, $\mathfrak{D}$, $\mathfrak{H}$, $\mathfrak{B}$) die gleichen Dimensionen haben. Diese Einfachheit ist die Ursache davon, daß dieses System häufig, besonders in theoretischen Werken Anwendung findet. Den internationalen Einheiten liegt aber das elektromagnetische System zugrunde, da die meisten Messungen elektromagnetischer Natur sind[1].

C. Grundmaße für Masse, Länge und Zeit.

Bei den oben erläuterten Maßsystemen sind nun auch verschiedene Grundmaße für Masse, Länge und Zeit angewandt worden. Als Einheit der Zeit wird fast durchweg die Sekunde zugrunde gelegt (Ausnahme z. B. die Kilowattstunde). Die Systeme, bei denen cm, g, sec benutzt werden, heißen CGS-Systeme. W. Weber verwandte für Länge und Masse das mm und mg. Die Weberschen Einheiten des elektromagnetischen Systems waren lange Zeit verbreitet und fanden noch zur Zeit des ersten Pariser Kongresses Anwendung (siehe S. 8). Sie waren aber für manche der elektrischen Größen zu unbequem klein; z. B. ist die SE gleich 10^{10} Weberschen Widerstandseinheiten. Aber auch die CGS-Einheiten des elektromagnetischen Systems waren für den Widerstand noch zu klein. Die British Association in London hat sich mit der Aufstellung eines den praktischen Bedürfnissen mehr angepaßten Systems befaßt und ist zu dem Resultat gekommen, für die Länge 10^9 cm (Länge des Erdquadranten) und für die Masse 10^{-11} g festzusetzen. Das auf diesen Grundeinheiten für Länge und Masse beruhende elektromagnetische System wird als das „Praktische System“ bezeichnet und die elektrischen Einheiten dieses Systems als die „Praktischen Einheiten“. Gleichzeitig hat die BA, wie schon früher erwähnt wurde, der Widerstandseinheit dieses Systems den Namen Ohm bzw. Ohmad gegeben und derjenigen der elektrischen Spannung den Namen Volt. Nach der heutigen Nomenklatur muß man diese Größen genauer als das „absolute Ohm“ und das „absolute Volt“ bezeichnen. Durch diese beiden Einheiten kann man alle übrigen elektrischen und magnetischen Maße ausdrücken (z. B. Stromeinheit = Volt/Ohm usw.) und ist dadurch der Unbequemlichkeit enthoben, die Dimensionen der Einheiten

[1] Das elektrodynamische Maßsystem von W. Weber ist begründet auf die mechanische Wirkung zweier Stromkreise und unterscheidet sich von dem elektromagnetischen nur durch den Faktor zwei.

in Länge, Masse und Zeit angeben zu müssen, um Irrtümer wegen der zugrunde liegenden Einheiten zu vermeiden. Für manche Maße muß man dann noch in den Dimensionsbezeichnungen die Länge oder Zeit oder auch beide hinzunehmen. Z. B. ist die Einheit der Induktivität gleich Ohm × Zeit, die Einheit der elektrischen Spannung gleich Volt/Länge, wobei man als Längeneinheit im praktischen System konsequenterweise eigentlich 10^9 cm zu setzen hätte. Das absolute Ohm, Ampere usw. sind also Einheiten des elektromagnetischen prak-

Abb. 12. Michael Faraday, geb. 22. 9. 1791, gest. 25. 8. 1867.

tischen Systems im Gegensatz zum internationalen Ohm, Ampere, welche durch empirische Festsetzungen definiert sind (siehe S. 46).

D. Beziehung der praktischen Einheiten zu den CGS-Systemen.

In der folgenden Tabelle ist für die elektromagnetischen und elektrostatischen CGS-Einheiten angegeben, wie ihre Beziehung zu den mit Namen versehenen Einheiten des praktischen Systems (absol. Ohm usw.) sich gestalten. Dabei ist die kritische Geschwindigkeit rund gleich 3×10^{10} cm/sec gesetzt; der genaue Wert ist um etwa 0,5 Promille kleiner. 10^{-7} absol. Joule ist gleich 1 Erg.

Beziehung der praktischen zu den CGS-Einheiten.

Bezeichnung	CGS - Einheit elektromagnetisch =	CGS - Einheit elektrostatisch =
Stromstärke	10 Ampere	$^1/_3 \cdot 10^{-9}$ Ampere
Widerstand	10^{-9} Ohm	$9 \cdot 10^{11}$ Ohm
Elektrizitätsmenge . .	10 Coulomb	$^1/_9 \cdot 10^{-8}$ Coulomb
Elektrische Spannung .	10^{-8} Volt	300 Volt
Kapazität	10^{9} Farad	$^1/_9 \cdot 10^{-11}$ Farad
Induktivität	10^{-9} Henry	$9 \cdot 10^{11}$ Henry
Stromleistung	10^{-7} Watt	10^{-7} Watt
Stromarbeit	10^{-7} Joule	10^{-7} Joule

VI. Die Pariser Kongresse 1881 bis 1884.

Zur Zeit des Zusammentritts des ersten Pariser Kongresses war die Situation, wie bereits früher (siehe S. 3) näher ausgeführt worden ist, kurz folgende: In einem Teil der Länder, besonders in Deutschland wurde die SE benutzt, die gut definiert und reproduzierbar war, aber von dem Ohm um mehrere Prozent abwich, in anderen Ländern, besonders in England, war die BAU in Gebrauch, die das Ohm genau darstellen sollte, aber um mehr als 1% zu klein ausgefallen war und sich nicht als konstant erwiesen hatte. Für die Messung der Stromstärke wurde in Deutschland die Webersche Einheit (= 0,1 A) verwendet, in England aber unter dem gleichen Namen das jetzige Ampere. Prinzipiell war man sich darüber einig, diese beiden Einheiten empirisch zu definieren, da die absoluten Meßmethoden damals bei weitem nicht die genügende Genauigkeit besaßen. Die empirischen Einheiten sollten aber den absoluten Größen möglichst nahe kommen. Der Widerstandseinheit sollte die SE zugrunde gelegt werden, aber mit einer anderen Länge.

Die Messungen, welche zur Festlegung der Einheiten angestellt worden waren, zeigten zur Zeit des Kongresses noch erhebliche Abweichungen.

Die SE war in Ohm nach verschiedenen Methoden ausgewertet worden, die aber alle keine große Genauigkeit zuließen. Diese Methoden, welche in der folgenden Tabelle angeführt sind, werden an späterer Stelle kurz erläutert werden (siehe S. 36).

Absolute Ohmbestimmungen bis 1881[1].

Jahr	Beobachter	Methode	Resultat
1863	British Association	W. Weber II	1 Ohm = 1,0493 SE
1866	Joule	Kalorimeter	1,0613
1873	Lorenz	Lorenz	1,0710
1874	F. Kohlrausch	W. Weber I	1,0591
1878	Rowland	Kirchhoff modif.	1,0579
1881	Rayleigh und Schuster	W. Weber II	1,0598
			Mittel: 1 Ohm = 1,060 SE

Die Abweichungen der einzelnen Messungen vom Mittelwert gehen

[1] Nach Gryll Adams, vgl. Helmholtz l. c. Bd. 1 S. 336.

bis zu 1%, so daß der Mittelwert noch eine erhebliche Unsicherheit besitzt (jetzt 1 int. Ohm = 1,063 SE).

Die Webersche Einheit der Stromstärke (= 0,1 A) war ebenfalls von einigen Physikern durch die Wassermenge gemessen worden, die durch diesen Strom in der Sekunde zersetzt wird (Wasservoltameter). Die Messungen sind im folgenden zusammengestellt (Helmholtz l. c.).

Wasserzersetzung durch 1 Weber pro Sekunde nach verschiedenen Messungen vor 1881.

Beobachter	Resultat	
	Stromeinheit 1 Weber zersetzt	
Bunsen	pro Sekunde	0,009270 mg Wasser
Joule		0,009239
F. Kohlrausch		0,009476
		Mittel: 0,00933 mg Wasser/sec

Abb. 13. James Prescott Joule, geb. 24. 12. 1818, gest. 11. 10. 1889.

Auch hier gehen die Abweichungen vom Mittel bis über 1%; trotzdem ist der Mittelwert nahe richtig. Unter diesen Umständen war der erste Kongreß weder in der Lage, die Länge des Quecksilberrohres für die SE anzugeben, welche einem Ohm entsprach, noch eine empirische Festsetzung für die Stromeinheit zu treffen. Dementsprechend wurden die folgenden Beschlüsse gefaßt:

Beschlüsse auf dem ersten Pariser Kongreß 1881.

1. Als Grundeinheiten der elektrischen Maße gelten das Zentimeter, die Masse des Gramm und die Sekunde.

2. Die bis jetzt angewandten Einheiten, das Ohm und Volt, behalten ihre gegenwärtige Bedeutung: 10^9 für ersteres, 10^8 für letzteres.

3. Die Widerstandseinheit Ohm wird dargestellt durch eine Quecksilbersäule von 1 qmm bei 0°.

4. Eine internationale Kommission soll beauftragt werden, durch neue Versuche die Länge der Quecksilbersäule zu bestimmen, welche den Wert 1 Ohm repräsentiert.

5. Man nennt Ampere die Stromintensität, welche ein Volt in einem Ohm hervorruft.

6. Man bezeichnet Coulomb die Elektrizitätsmenge, welche durch ein Ampere in der Sekunde geliefert wird.

7. Man definiert als Farad die Kapazität, welche durch die Bedingung charakterisiert ist, daß ein Coulomb in einem Farad ein Volt gibt.

Im wesentlichen sind also nur die früheren Namen Ohm und Volt im Verhältnis zum elektromagnetischen CGS-System bestätigt und die neuen Namen Ampere, Coulomb, Farad, welche von England vorgeschlagen worden waren, angenommen worden; alles andere wurde noch offengelassen.

Es sei gleich hier angeführt, daß auf einem späteren Elektrikerkongreß in Paris (1889, nicht offiziell) noch weitere Namen für elektrische Größen des praktischen Systems angenommen wurden mit folgenden Definitionen:

1. 1 Joule ist die praktische Arbeitseinheit. Es ist gleich 10^7 CGS-Einheiten, gleich der Energie, welche der durch 1 Ampere in 1 Ohm in der Sekunde erzeugten Wärmemenge äquivalent ist (d. h. $= 10^7$ Erg).

2. 1 Watt ist die praktische Einheit der Leistung, d. h. die Arbeitsleistung eines Joule in der Sekunde. 1 Watt = 1 Joule in der Sekunde ist gleich 10^7 CGS-Einheiten.

3. Für die Praxis wird die Leistung der Maschinen in Kilowatt, statt in Pferdestärken ausgedrückt.

4. 1 Quadrant ist die praktische Einheit der Selbstinduktion; sie ist eine Länge von 10^9 cm.

Das Quadrant wurde dann später mit dem Namen „Henry“ belegt. Damit waren alle jetzt auch gebräuchlichen Namen für die praktischen Einheiten geschaffen. Bemerkenswert ist, daß schon damals beschlossen wurde, statt der Pferdestärke das Kilowatt zu verwenden.

Der Kongreß, welcher im Jahre 1882 in Paris stattfand, brachte keinen wesentlichen Fortschritt; es wurde beschlossen, daß für die Festsetzung des Ohm eine Genauigkeit der verschiedenen Messungen von 1 Promille erstrebt werden solle. Beschließen kann man viel; ob man das, was beschlossen ist, aber verwirklichen kann, ist eine andere Frage. So war es auch hier.

Die erstrebte Genauigkeit ist in der Zeit bis zum dritten Pariser Kongreß (Delegiertenversammlung 1884) bei weitem nicht erzielt worden. Trotzdem hielt der Kongreß die Übereinstimmung für ausreichend, um die Länge der Quecksilbersäule nunmehr für technische Zwecke festsetzen zu können; die Festsetzung sollte allerdings nur eine vorläufige sein, bis zu der Zeit, wo besser übereinstimmende Messungen vorliegen würden. (Die definitive Festsetzung der Länge erfolgte 1893 in Chicago.) Die bei dem Kongreß 1884 vorliegenden neueren Ohmbestimmungen sind in der folgenden Tabelle zusammengestellt.

Absolute Ohmbestimmungen 1882—1884[1].

Jahr	Beobachter	Methode	Resultat
1882	Dorn	W. Weber, Dämpfung	1 Ohm = 1,0546 SE
1882	Glazebrook	Kirchhoff, modif.	1,0630
1882	Rayleigh	W. Weber II	1,0628
1882	H. Weber	W. Weber II	1,0614
1883	Wild	W. Weber Dämpfung	1,0568
1883	Rayleigh	Lorenz, modif.	1,0624
1884	F. Weber	W. Weber, Dämpfung	1,0526
1884	Lenz	Lorenz	1,0613
1884	G. Wiedemann	W. Weber I	1,0619
1884	Mascart	W. Weber I	1,0632
1884	Lorenz	Lorenz	1,0619
1884	Ròiti	Ròiti	1,0590
1884	F. Weber	Kirchhoff, modif.	1,0537
1884	Mascart	Kirchhoff, modif.	1,0632
			Mittel: 1 Ohm = 1,060 S. E.

Das Mittel der Messungen ist auch wieder, wie vor 1882, 1,060 SE, aber die Abweichungen der zahlreichen Versuche gehen immer noch bis etwa zu $^1/_2$%. Auf Grund dieses Resultates wurde dann festgesetzt:

1 legales Ohm = 1,06 SE.

Den Zusatz „legal" erhielt das Ohm zum Unterschied von dem BA-Ohm bzw. Ohmad. Das legale Ohm ist lange Zeit in Gebrauch gewesen.

Das Resultat der Pariser Kongresse war nicht sehr zufriedenstellend. Trotz der großen Mühe und Arbeit, welche auf die absoluten Ohmmessungen verwendet worden war — bis zum Jahre 1884 sind etwa 20 solcher Messungen ausgeführt worden — konnte keine sehr zuverlässige Definition des Ohm aufgestellt werden, wenn man verlangte, daß die empirische, durch die SE ausgedrückte Widerstandseinheit dem absoluten Ohm möglichst nahe kommen sollte. Für die Einheit der Stromstärke konnte überhaupt keine empirische Festsetzung getroffen werden; es wurde nur beschlossen, prinzipiell zu seiner Definition das Silbervoltameter zu empfehlen. Man überließ es späteren Messungen, einen Wert für die durch den Strom niedergeschlagene Silbermenge mit ausreichender Genauigkeit zu ermitteln. Auch weitere Ohmmessungen sollten ausgeführt werden, damit man später noch einen genaueren Wert für das Ohm festsetzen könne.

Es hat ziemlich lange gedauert, bis diese Absichten verwirklicht werden konnten. Erst auf dem Elektrikerkongreß zu Chicago 1893 wurde die endgültige empirische Definition für das Ohm und Ampere aufgestellt, die dann auch im deutschen Gesetz von 1898 niedergelegt sowie von einigen anderen Ländern gesetzlich festgesetzt wurde, bis sie schließlich auf dem großen Londoner Kongreß 1908 internationale Anerkennung fand. Damit waren dann die sogenannten internationalen Einheiten geschaffen. Ehe aber hierauf näher eingegangen wird, muß noch einiges über die Staatsinstitute (Physikalisch-Technische Reichs-

[1] Nach Gryll Adams, vgl. Helmholtz l. c. Bd. 1 S. 336.

anstalt usw.) eingeschaltet werden, da diese Institute an der Weiterentwicklung der Einheiten wesentlich mitgewirkt haben und da auf ihnen noch heute die verantwortungsvolle und mühsame Arbeit lastet, die einmal hergestellten Einheiten dauernd zu überwachen und weiter zu führen, ohne daß irgendwelche Störungen eintreten.

VII. Staatsinstitute für die elektrischen Einheiten.

Die zuverlässigsten Definitionen der Einheiten wären zwecklos, wenn nicht Stellen vorhanden wären, die sie ausführen. Auch müssen diese Stellen amtlichen Charakter haben, denn es würde schlimm um die Übereinstimmung der Einheiten bestellt sein, wenn sich z. B. jede Fabrik nach den gegebenen Definitionen ihre Einheiten selbst herstellen wollte. Auch die Prüfungen und Eichungen müssen amtlichen Charakter haben. Deshalb muß eine amtliche Zentralstelle vorhanden sein, welcher die Herstellung und Erhaltung der Einheiten gesetzlich übertragen ist und welche eingesandte Widerstände, Elektrizitätszähler und andere Apparate prüft. Aber auch diese Einrichtung würde ihren Zweck verfehlen, wenn nicht Gebrauchsnormale existieren, die sich lange Zeit hindurch unverändert halten; denn die sehr zeitraubende Kontrolle der Gebrauchsnormale an der Hand der empirischen Bestimmungen kann nur von Zeit zu Zeit vorgenommen werden; in der Zwischenzeit müssen die Gebrauchsnormale konstant sein. Dasselbe gilt für die in der Praxis befindlichen Normale (Normalwiderstände und -elemente), die doch auch nur von Zeit zu Zeit zur Eichung eingesandt werden können, besonders dann, wenn man bemerkt, daß mehrere geeichte Normale anfangen, voneinander abzuweichen. Zur Zeit der Gründung der Reichsanstalt (Oktober 1887) waren aber solche zuverlässigen Gebrauchsnormale noch nicht vorhanden; sie mußten auch erst geschaffen werden.

A. Physikalisch-Technische Reichsanstalt (PTR).

Der Initiative von Werner v. Siemens ist es zu danken, daß die PTR ins Leben gerufen wurde, als erste Institution dieser Art in der Welt. Erst viel später sind auch andere Länder diesem Beispiel gefolgt; in der Zwischenzeit haben sie im wesentlichen die von der PTR geschaffenen Einheiten benutzt.

Siemens war stets, wie er oft hervorgehoben und durch die Tat bewiesen hat, in hohem Maße von der Notwendigkeit wissenschaftlicher Forschung durchdrungen, von welcher der Fortschritt der Technik nach seiner Ansicht sehr wesentlich abhängt. Sein Bestreben war daher darauf gerichtet, ein Institut zu schaffen, welches, ohne durch Unterricht wie die Universitäts- und Hochschulinstitute in Anspruch genommen zu sein, sich ganz dieser Aufgabe widmen konnte. Davon versprach er sich einen großen Nutzen auch für die Technik. Schon im Jahre 1872 war ein solches Institut von Preußen geplant worden, das der damals im Bau begriffenen Technischen Hochschule in Charlottenburg angegliedert werden sollte; aber die dazu bestimmten Räume erschienen später als unzulänglich. Siemens hatte ursprünglich in seinem Testament eine ansehnliche Summe für dieses Institut bestimmt, entschloß sich aber, als im Jahre 1883 eine Kommission zur Beratung der Angelegenheit zusammenberufen wurde, schon bei Lebzeiten durch eine Schenkung die Entstehung des Institutes zu fördern. „Im Hinblick aber auf die nationale Bedeutung des Planes und in der Hoffnung auf eine Durchführung desselben in größerem Umfange und mit reicheren Mitteln" faßte er den Entschluß, das Anerbieten an Preußen auch dem Reich zu machen, womit sich der preußische Unterrichtsminister einverstanden erklärte mit dem lebhaften Wunsche, „daß es überhaupt gelingen möge, das bedeutsame Institut ins Leben zu rufen".

Abb. 14. Friedrich Kohlrausch, geb. 17. 10. 1840, gest. 17. 1. 1910.

Siemens bot dem Reich eine Schenkung von einer halben Million in Grundwert oder Kapital an und legte seine Ansicht über das Institut in einem Schreiben an den Reichstag „Über die Bedeutung und die Ziele einer zu begründenden Physikalisch-Technischen Reichsanstalt" (1884) nieder, nachdem er schon im Vorjahr ein „Votum betreffend die Gründung eines Institutes für die experimentelle Förderung der exakten Naturwissenschaft und der Präzisionstechnik" abgegeben hatte. Siemens selbst sagte, daß er mit diesem Angebot nur den Zweck im Auge habe, seinem Vaterlande einen Dienst zu erweisen und seine Liebe zur Wissenschaft, der er sein Emporkommen im Leben ausschließlich verdanke, zu betätigen.

Der Reichstag bewilligte die Gründung der geplanten Anstalt; das hochherzige Anerbieten Siemens wurde angenommen und zwar in Gestalt eines in der Marchstraße in Charlottenburg befindlichen Grundstückes, auf dem sich jetzt die Gebäude der im Oktober 1887 gegründeten Reichsanstalt befinden, die dann später noch durch Zukauf von Terrain erweitert wurden.

Der erste Präsident der Reichsanstalt war bekanntlich kein geringerer als Hermann v. Helmholtz; nach dessen Tode im Jahre 1894 folgte ihm F. Kohlrausch, sodann E. Warburg und W. Nernst; zur Zeit ist F. Paschen Präsident der Anstalt.

Außer wissenschaftlichen Arbeiten sollten auch Prüfungen und Eichungen auf elektrischem, optischem, kalorischem und mechanischem

Gebiete ausgeführt werden. Seit kurzem ist auch die frühere „Kaiserliche Normaleichungskommission" mit der Reichsanstalt vereinigt. Auf elektrischem Gebiet sind mit der Reichsanstalt auch eine Reihe im Reich verteilter Prüfämter verbunden, die von der PTR kontrolliert wurden und durch sie ihre für die Prüfung und Eichung erforderlichen Normale erhalten. Zur Zeit bestehen folgende 13 Prüfämter: Ilmenau, Hamburg, München, Nürnberg, Kaiserslautern, Frankfurt a. M., Bremen, Königsberg i. Pr., Halle a. d. S., Essen, Ravensburg, Wuppertal-Barmen, Kassel, die sich mit der Prüfung von Zählern, Tarifuhren, Strom-, Spannungs- und Leistungsmessern u. dgl., von Isolations- und Installationsmaterial und elektrischen Gebrauchsgegenständen zu befassen haben[1].

Der PTR lag es daher auch ob, die elektrischen Einheiten zu schaffen und aufrecht zu erhalten, die zur Eichung von Normalien dienen sollten. In welcher Weise dies geschieht, wird dann an späterer Stelle noch näher erläutert werden.

B. Staatsinstitute anderer Länder.

Erst 15 Jahre später, 1902 folgte England als zweites Land mit der Gründung eines der PTR analogen Institutes, nachdem Deutschland schon längst (seit etwa 1894) seine Quecksilbereinheit besaß und auch die Manganinnormale und Westonschen Normalelemente sich bereits in dem Zustand befanden, in dem sie heute noch benutzt werden. Das in Teddington in der Nähe von London in einem alten Park errichtete englische Staatsinstitut führt den Namen „National Physical Laboratory" (NPL). Vor der Gründung dieses Institutes wurden die auf die Einheiten bezüglichen Arbeiten im Laboratorium des Board of Trade ausgeführt.

Zwei Jahre nach England folgte dann auch Amerika 1904 mit seinem „Bureau of Standards" (BSt), das sich in der Nähe von Washington (DC) auf einer bewaldeten Anhöhe befindet. Beide Institute (NPL und BSt) haben eine wesentlich geschütztere Lage als die PTR; sie sind ziemlich frei von mechanischen und elektrischen Störungen, denen die PTR in hohem Maße ausgesetzt ist. Schon lange wollte man daher die Reichsanstalt an eine geschütztere Stelle außerhalb Berlins verlegen, aber alle Pläne haben sich bis jetzt zerschlagen. Zur Zeit ist natürlich daran nicht zu denken.

Diese drei Staatsinstitute von Deutschland, England und Amerika haben dann im wesentlichen die weiteren Arbeiten und Untersuchungen auf dem Gebiete der elektrischen Einheiten ausgeführt und miteinander verglichen. Zum Teil hat sich auch Frankreich an diesen Arbeiten beteiligt, das aber kein eigentliches Staatsinstitut für diese Zwecke besitzt. Die Untersuchungen und Messungen wurden im Laboratoire Central d'Électricité (LCE) vorgenommen, das der Post angegliedert ist. Auch andere Länder, wie Österreich, Schweiz, Belgien, Rußland, Japan usw. haben ähnliche Institute im Laufe der Zeit eingerichtet, die meistens mit den schon bestehenden Ämtern für Maß und Gewicht

[1] Vgl. die Tätigkeitsberichte der PTR in Z. Instrumentenkde.

verbunden wurden. Doch haben sie im allgemeinen wenig an den die Einheiten betreffenden Arbeiten und Untersuchungen teilgenommen. Japan erhielt z. B. seine Quecksilbernormale von England; bei dem letzten Erdbeben in Tokio sind aber die Normale zerstört worden. Doch hat sich Japan in dankenswerter Weise öfter an den internationalen Vergleichungen der Einheiten beteiligt. Auf die Arbeiten der verschiedenen Staatsinstitute, besonders der PTR auf dem Gebiete der elektrischen Einheiten wird dann später noch näher eingegangen werden. Zunächst soll aber über den weiteren Verlauf der internationalen Vereinbarungen, die nach den Pariser Kongressen erfolgten, berichtet werden.

VIII. Elektrikerkongreß zu Chicago (1893) und Vorarbeiten dazu.

Der Kongreß zu Chicago, der gelegentlich der dortigen Weltausstellung stattfand, bildet insofern einen wesentlichen Markstein in der Geschichte der elektrischen Einheiten, als dort diejenigen empirischen Definitionen für die Einheiten Ohm und Ampere festgesetzt wurden, welche auch heute noch Geltung haben. In der Zwischenzeit seit den Pariser Kongressen ist noch eine große wissenschaftliche Arbeit auf dem Gebiete der elektrischen Einheiten geleistet worden, über die jetzt näher berichtet werden soll. Die angestellten Untersuchungen betrafen sowohl die Festsetzung für das Ampere, welches bis jetzt überhaupt noch nicht definiert worden war, als auch für das Ohm, das als legales Ohm auf dem Pariser Kongreß 1884 definiert wurde (= 1,06 SE).

Abb. 15. Lord Rayleigh, geb. 12. 11. 1842, gest. 30. 6. 1919.

A. Absolute Strommessungen.

Für das Ampere lagen zur Zeit des Chicagoer Kongresses zwei sorgfältige Untersuchungen vor, durch welche die von einem Coulomb

(= 1 Amperesekunde) in einem Silbervoltameter niedergeschlagene Silbermenge bestimmt wurde[1]. Die Messung von Rayleigh und Sidgewick ist mit der Rayleighschen Stromwaage ausgeführt worden, diejenigen von F. und W. Kohlrausch mit der Tangentenbussole. Die Ergebnisse sind im folgenden zusammengestellt:

Absolute Strommessungen vor 1893.

Jahr	Autoren	Resultat
1884	Rayleigh u. Sidgewick	1 Ampere = 1,11794 mg/sec
1886	F. u. W. Kohlrausch	1,11826
		Mittel: 1 Ampere = 1,11810 mg/sec

Wenn auch die Messungen mit der Tangentenbussole keine sehr große Genauigkeit ergeben und andererseits bei den von Rayleigh und Sidgewick benutzten Silbervoltametern Filtrierpapier zur Umhüllung der Kathode verwandt wurde, das nach späteren Erfahrungen zu erheblichen Fehlern Veranlassung gibt, so scheint doch der erhaltene Mittelwert nach neueren Messungen nahe richtig zu sein. Die Übereinstimmung beider Ergebnisse war so gut, daß man auf Grund derselben nunmehr eine empirische Definition für das Ampere aufzustellen vermochte.

B. Absolute Ohmmessungen.

Die Zahl der inzwischen, d. h. seit 1884, ausgeführten absoluten Ohmbestimmungen, also die Auswertung der SE, in einigen Fällen auch der BAU war erheblich größer als diejenige der Strommessungen. Die Untersuchungen erstreckten sich bis zum Jahre 1890 und sind von Dorn, der selbst solche Messungen vorgenommen hat, neu berechnet, korrigiert und kritisch bewertet worden[2]. Dort finden sich auch eingehende Literaturangaben für die betreffenden Untersuchungen und die Beschreibung der Methoden. Es würde zu weit führen, an dieser Stelle hierauf näher einzugehen. Die kritischen Betrachtungen betreffen sowohl die Herstellung der zu den Messungen benutzten Quecksilbernormale, wie die verschiedenen zur Ermittlung des absoluten Ohm angewandten Methoden. Wegen der näheren Einzelheiten muß auf die Veröffentlichung von Dorn verwiesen werden (l. c.).

Quecksilbereinheiten, die als Grundlage absoluter Messungen dienten oder dienen sollten, wurden hergestellt von Siemens & Halske (1882/85 und 1885/89), Rayleigh u. Sidgewick (1883), Mascart, de Nerville, Benoît (1884), Benoît (1885), Lorenz (1885), Strecker u. F.

[1] Lord Rayleigh u. H. Sidgewick: Philos. Trans. Roy. Soc., Lond. Bd. 175 (1884) S. 411. — Kohlrausch, F. u. W.: Wied. Ann. Bd. 27 (1886) S. 1.

[2] Dorn, E.: Wiss. Abh. d. PTR Bd. 2 (1895) S. 257 u. Beih. zur Z. Instrumentenkde Bd. 13 (1893): Vorschläge zu gesetzl. Bestimmungen über elektr. Maßeinheiten, entworfen durch das Kuratorium der PTR usw. Frühere kritische Zusammenstellungen siehe Rayleigh: Philos. Mag. Bd. 14 (1882) S. 329 und Wiedemann, G.: ETZ Bd. 3 (1882) S. 260.

Kohlrausch (1885), Glazebrook u. Fitzpatrik (1888), Hutchinson u. Wilkes (1889), Salvioni (1889), Passavant (1890), Lindeck (1891). Die Herstellung dieser Quecksilbereinheiten entsprach allerdings keineswegs den Anforderungen, die man heute an dieselbe stellt (vgl. S. 58) und die eine Genauigkeit jeder Einzelmessung (Längenmessung, Auswägung, Kaliberfaktor) auf nahe ein Hunderttausendstel verlangt. Die damals erreichte Genauigkeit ist auf etwa 1 Promille oder höchstens mehrere Bruchteile dieses Betrages zu schätzen. Dorn hat die Werte, soweit es möglich war, nach gemeinsamen Gesichtspunkten korrigiert. Vor allem brachte der damals nur ungenau bekannte Temperaturkoeffizient des Quecksilberwiderstandes[1] eine große Unsicherheit mit sich, da die elektrische Messung der Quecksilberrohre meist bei Zimmertemperatur erfolgte. Bei denjenigen Ohmbestimmungen, die sich auf BAU bezogen, entstand noch eine erhebliche Unsicherheit dadurch, daß das Verhältnis der benutzten Widerstandseinheit zu der SE nicht genau genug bekannt war.

Die elektrischen Messungen wurden nach sechs verschiedenen Methoden vorgenommen, die im folgenden nur kurz charakterisiert werden sollen, da heute viel genauere und zuverlässigere Methoden zur Verfügung stehen.

1. Webersche Methode I.

Induktionsstöße mit dem Erdinduktor. — Der Erdinduktor, dessen Windungsfläche senkrecht zum Meridian steht, wird um eine vertikale Achse um 180° gedreht, wodurch der Galvanometernadel ein ballistischer Ausschlag erteilt wird, aus dem die beim Umlegen des Induktors induzierte Elektrizitätsmenge Q bestimmt werden kann. Ist die Horizontalintensität des Erdfeldes am Orte des Induktors gleich H, die Windungsfläche des Induktors gleich F, der Gesamtwiderstand des Schließungskreises R, so besteht die Beziehung $Q = \frac{2HF}{R}$, woraus dann der Widerstand R zu berechnen ist. Zur Vergrößerung des Ausschlages kann eine Multiplikationsmethode angewandt werden. Verschiedene Korrektionen sind nötig wegen der Länge der Nadel usw. Diese Methode wurde benutzt von Weber und Zöllner (1880) und G. Wiedemann (1884 und 1891).

2. Webersche Methode II.

Rotierende Spule. — Diese Methode wurde von der BA angewandt (siehe S. 5); ferner von F. Kohlrausch (1874), Rayleigh und Schuster (1881), Rayleigh (1882), H. Weber (1882).

3. Webersche Methode III.

Dämpfungsmethode. — Da die elektrodynamische Dämpfung der Magnetnadel eines Galvanometers von dem Widerstand des Schließungs-

---

[1] Sehr genaue Messungen dieser Größe im Bur. int. des Poids et Mesures und in der PTR. Siehe Jaeger, W., u. H. v. Steinwehr: Ann. Physik Bd. 45 (1914) S. 1089. — Daselbst auch ältere Literatur.

kreises abhängt, so läßt sich dieser Widerstand aus dem logarithmischen Dekrement der Schwingung berechnen, wenn man noch die Schwingungsdauer der Nadel im ungedämpften Zustand, das magnetische Moment der Nadel, die sog. Galvanometerfunktion der Galvanometerspulen und die Horizontalintensität des Erdfeldes am Orte der Nadel kennt. Diese Methode wurde angewandt von Wild (1884), F. Kohlrausch (1888), Dorn (1882 u. 1889).

4. Lippmannsche Methode.

Innerhalb einer größeren Spule, in welcher durch einen konstanten Strom ein möglichst homogenes Feld erzeugt wird, rotiert eine kleinere Spule mit konstanter Winkelgeschwindigkeit, so daß in ihr eine sinusförmige EMK erzeugt wird. Durch eine synchrone Kontaktvorrichtung wird stets die maximale Spannung abgenommen und wird kompensiert gegen die Spannung an einem Widerstand R, durch den der Strom der großen Spule fließt. Man erhält dann $R = 8\pi^2 n N F$, wenn F die Fläche der rotierenden Spule, n ihre Windungszahl pro cm und N die Umdrehungszahl in der Sekunde bedeutet. Diese Methode wurde von Wuilleumier (1890) benutzt.

5. Lorenzsche Methode.

Sie ist in der ursprünglichen Form sehr ähnlich der Lippmannschen Methode. Statt einer Spule rotiert innerhalb der festen Spule eine Metallscheibe, deren Achse mit derjenigen der Spule zusammenfällt. In axialer Richtung der Scheibe wird eine EMK induziert, die am Rand der Scheibe durch einen Kontakt abgenommen und wie vorstehend angegeben kompensiert wird. Später wurde dann die Anordnung dahin abgeändert, daß die Metallscheibe seitlich außerhalb von einer oder mehreren symmetrischen Spulen rotiert. Die magnetische Feldstärke ist dann symmetrisch zur Achse und nur eine Funktion des Halbmessers der Scheibe. Diese Methode ist später im NPL in Teddington noch weiter vervollkommnet und zu sehr genauen Ohmbestimmungen benutzt worden, die etwa eine Genauigkeit von $^1/_{100}$ Promille besitzen. Es sei deshalb hier auf die spätere eingehendere Darstellung der Methode hingewiesen (siehe S. 85).

Die oben angedeutete Lorenzsche Methode wurde benutzt von Rayleigh und Sidgewick (1883), Rowland, Kimball, Duncan (1884), Lorenz (1885), Rowland (1887), Duncan, Wilkes, Hutchinson (1889), Jones (1890).

6. Kirchhoffsche Methode.

Von zwei konaxialen und konzentrischen Spulen ist die innere mit einem ballistischen Galvanometer verbunden, während die äußere von einem konstanten Strom durchflossen wird, bei dessen Unterbrechung das Galvanometer einen ballistischen Ausschlag erhält, aus dem die durch Induktion entstandene Elektrizitätsmenge berechnet werden kann. Um daraus den Widerstand des Schließungskreises ermitteln zu können, muß noch die Stärke des durch die primäre Spule fließenden Stromes und die gegenseitige Induktivität beider Spulen bekannt sein. Der Strom kann auch in rascher Folge periodisch unterbrochen werden; dann erhält man eine dauernde Ablenkung der Galvanometernadel. Nach dieser Methode wurde gearbeitet von Glazebrook, Dodds, Sargant (1883), Kimball (1883), Mascart, de Nerville, Benoît, (1884), Ròiti (1884), Rowland und Kimball (1884), Himstedt (1886).

Die verschiedenen, den absoluten Ohmbestimmungen zugrunde liegenden Methoden wurden kurz erläutert, um zu zeigen, daß man von den meisten derselben keine große Genauigkeit erwarten kann. Bei allen Methoden, bei denen ein ballistischer Ausschlag des Galvanometers gemessen wird, kann vielleicht eine Genauigkeit von einem Promille erreicht werden. Auch überall da, wo das Erdfeld eine Rolle spielt, läßt sich keine große Genauigkeit erzielen wegen der Schwankungen der Stärke und Richtung, denen das Feld ausgesetzt ist, wenn auch damals die Starkstromstörungen noch nicht vorhanden waren, die erst mit den elektrischen Straßenbahnen auftraten. Zur Erzielung größerer Genauigkeit bleiben nur die Kompensationsmethoden von Lippmann und Lorenz übrig (4 und 5). Aber auch die Lippmannsche Methode ist wegen der Inhomogenität des Spulenfeldes nicht geeignet für eine den heutigen Anforderungen entsprechende Genauigkeit. Nur die Lorenz-Methode ermöglicht, wie schon erwähnt, in ihrer späteren Ausbildung durch das NPL eine ausreichende Genauigkeit, ebenso wie einige Methoden ganz anderer Art, die später in der PTR usw. ausgebildet worden sind.

Zu der Ungenauigkeit der Methoden kommt noch, wie oben gezeigt wurde, die Unsicherheit der in SE ausgewerteten Widerstände, die dann in absoluten Ohm bestimmt wurden, so daß man sich nicht wundern kann, wenn zwischen den verschiedenen Messungen sehr erhebliche Unterschiede auftreten.

Einige dieser Messungen mußte Dorn (l. c.) völlig ausschließen, einigen gab er nur halbes, den anderen volles Gewicht. Im folgenden ist das Ergebnis seiner kritischen Untersuchung zusammengestellt; auf die Einzelheiten der von Dorn vorgenommenen Reduktionen und Neuberechnungen kann hier nicht eingegangen werden. Die Zahlen der Tabelle geben den Wert des absoluten Ohm in SE.

A. Halbes Gewicht.

Jahr	Autoren	Methode	1 absol. Ohm gleich
1883	Kimball	Kirchhoff	1,06250 SE
1884	Wild	Weber III	1,06192 „
1884	Marcart, de Nerville, Benoît	Kirchhoff	1,06293 „
1889	Duncan, Wilkes, Hutchinson	Lorenz	1,06352 „
		Mittel:	1,06272 SE

B. Volles Gewicht.

Jahr	Autoren	Methode	1 absol. Ohm gleich Kleinster Wert	Größter Wert
1882	Rayleigh	Weber II	1,06280 SE	1,06316 SE
1883	Rayleigh u. Sidgewik	Lorenz	1,06255 „	1,06291 „
1883	Glazebrook, Dodds, Sargant	Kirchhoff	1,06265 „	1,06301 „
1884	Rowland, Kimball, Duncan	Lorenz	1,06290 „	1,06290 „
1884	Rowland u. Kimball	Kirchhoff	1,06310 „	1,06310 „
1886	Himstedt	Kirchhoff	1,06280 „	1,06280 „
1887	Rowland	Lorenz	1,06320 „	1,06320 „
1888	F. Kohlrausch	Weber III	1,06271 „	1,06271 „
1889	Dorn	Weber III	1,06245 „	1,06245 „
1890	Jones	Lorenz	1,06302 „	1,06328 „
1890	Wuillenmeier	Lippmann	1,06267 „	1,06285 „
		Mittel:	1,06280 SE	1,06294 SE

Unter Berücksichtigung der Messungen mit halbem Gewicht folgt als Hauptmittel 1 abs. Ohm = 1,06279 bzw. 1,06290 SE. Dorn hält den Wert 1,0628 SE. für den wahrscheinlichsten, der auch dem Wert 1,0625 tatsächlich sehr nahe kommt, welcher nach den neueren Messungen (siehe S. 85) der richtige ist. Doch wurde das Mittel auf 1,063 SE. abgerundet.

Wenn man die große Zahl mühevoller und zeitraubender Messungen bedenkt, die zum Teil mit großem Scharfsinn, aber mit unzureichenden Mitteln ausgeführt worden sind, um eine Grundlage für die endgültige Definition des Ohm zu gewinnen, so drängt sich wohl die Frage auf, ob es nicht einfacher gewesen wäre, den in Paris festgesetzten Wert 1,06 SE. (das legale Ohm) beizubehalten. Der Unterschied desselben gegen den richtigen Wert (3 bzw. nach den neuen Messungen 2,5 Promille) ist so gering, daß er nicht störend empfunden worden wäre. Auch das später festgesetzte intern. Ohm ist ja noch um etwa 0,5 Promille unrichtig. Ja man hätte sogar ohne Schaden die SE mit ihrer Abweichung von 6% bestehen lassen können, wodurch eine Menge Arbeit erspart geblieben wäre. Die Beziehung zum absoluten Ohm festzusetzen, hätte man einer späteren Zeit überlassen können, wenn die genügenden Unterlagen und bessere Methoden zur Ausführung solcher Messungen vorhanden waren. Aber die geschichtliche Entwicklung ist nun einmal diesen Weg gegangen; daran ist nichts mehr zu ändern. Im Gegenteil wird auch jetzt von einigen Seiten, besonders im Ausland, gewünscht, daß die noch bestehende geringe Abweichung des internationalen von dem absoluten Ohm beseitigt wird (1 intern. Ohm ist gleich 1,0005 abs. Ohm). Im Interesse der Kontinuität der Messungen und nach den früher bei solchen Abänderungen gemachten Erfahrungen wäre das aber sehr unerwünscht.

C. Vorberatungen zwischen Deutschland und England.

In Deutschland bestand vor dem Zusammentritt des geplanten Elektriker-Kongresses in Chicago das dringende Bedürfnis, die Angelegenheit der elektrischen Einheiten auf gesetzlichem Wege zu regeln, da die 1887 gegründete PTR für die Prüfung eingesandter Widerstände und Normalelemente einer sicheren Grundlage bedurfte. (In den anderen Ländern waren zu dieser Zeit noch keine Staatsinstitute vorhanden). Als Widerstandseinheit war bisher das in Paris 1884 festgesetzte „legale Ohm" benutzt worden, das man ja auch weiterhin hätte beibehalten können. Aber nach der Einstellung des Auslandes war zu erwarten, daß die Definition des Ohm geändert und dem absoluten Ohm mehr angepaßt werden würde. Daher erschien es wünschenswert, vor allem mit England Fühlung zu nehmen, um für die Beschlüsse in Chicago eine sichere Unterlage zu gewinnen, und zwar sowohl für das Ohm wie für das Ampere.

In der PTR waren bereits die wissenschaftlichen Grundlagen für einen Gesetzentwurf[1] aufgestellt und von dem Kuratorium dieser Behörde im März und Dezember 1891 eingehend beraten worden.

Andererseits war auch vom Board of Trade in England ein Gesetzesentwurf aufgestellt worden, der jedoch von demjenigen der Reichsanstalt in einigen Punkten abwich. Da aber eine internationale Einigung über alle die elektrischen Einheiten betreffenden Fragen bereits vor dem Zusammentritt des Kongresses in hohem Maße wünschenswert erschien, so fanden auf Anregung der PTR im August 1892 in Edinburgh gelegentlich der Versammlung der British Association for Advancement of Science Verhandlungen statt, um die bestehenden Differenzpunkte zu beseitigen, was auf einem großen Kongreß schwer zu erreichen ist. An der Versammlung beteiligten sich u. a. H. v. Helmholtz als Präsident der Reichsanstalt, ferner Vertreter des Electrical Standards Committee der BA, des Board of Trade, des Bureau International des Poids et Mesures und ein Vertreter aus Amerika (Cahart). Das Resultat war, daß die deutschen Vorschläge zur Beseitigung der Differenzpunkte durchweg angenommen wurden. Der in den erwähnten „Vorschlägen der Reichsanstalt" abgedruckte Gesetzentwurf entspricht fast völlig dem später (1898) in Deutschland erlassenen Gesetz über elektrische Einheiten (siehe S. 46) und den 1908 in London getroffenen Festsetzungen (siehe S. 79).

Man hatte sich in der Vorbesprechung darüber geeinigt, daß für das Silbervoltameter der abgerundete Wert 1,118 mg/sec festgesetzt werden sollte und für die Quecksilbereinheit die aus Dorns Ergebnissen abgerundete Zahl 1,063 als Länge des Rohres. Wesentlich war aber noch eine Änderung der Definition für das Ohm, die darin bestand, daß nicht der Querschnitt des Rohres (1 qmm), wie bei der SE, angegeben wird, sondern die Masse des Quecksilbers, die das Rohr bei 0° C ausfüllt. Dies geschah aus dem Grunde, da der Querschnitt des Rohres durch Auswägung desselben mit Quecksilber bestimmt wird. Um aus dem Gewicht des Quecksilbers den Querschnitt zu berechnen, muß die Dichte des Quecksilbers bekannt sein. Der Wert für die Dichte hängt aber von dem jeweiligen Stand der Wissenschaft ab und eine Änderung desselben durch neue Messungen würde dann auch die Querschnittsberechnung beeinflussen. Man hätte allerdings eine bestimmte Dichte in die

[1] Siehe Anm. 2 S. 35.

Definition aufnehmen können, um diesen Übelstand zu vermeiden, doch erschien es einfacher, die Masse des Quecksilbers selbst direkt festzustellen. Siemens war mit dieser Abänderung der Definition nicht einverstanden, und man hat deshalb noch einen Hinweis auf das qmm der Definition hinzugefügt, der dann aber später in London wieder beseitigt worden ist. Bei der damaligen Festsetzung von 14,452 g Quecksilber (später auf 14,4521 abgeändert) wurde für die Dichte des Quecksilbers bei 0° der Wert 13,5956 g/ccm angenommen, während nach den neueren Messungen[1] die letzte Ziffer um eine Einheit kleiner ist. Alle Zahlen, die der Definition zugrunde liegen, müssen bis auf $^1/_{100}$ Promille festgesetzt werden, da für die Einheiten diese Genauigkeit angestrebt und auch nahe erreicht wird.

D. Isotope des Quecksilbers und Druckeinfluß.

Bei den obigen Festsetzungen für das Ohm ist stillschweigend angenommen, daß die Quecksilbersorten verschiedener Herkunft stets dieselbe Dichte besitzen. In neuerer Zeit ist diese Voraussetzung aber etwas ins Wanken gekommen, da jetzt bekannt ist, daß das Quecksilber des Handels ein Gemisch mehrerer Isotopen ist (wenigstens 5), die sich in der Dichte nicht unwesentlich unterscheiden, während sie die gleiche elektrische Leitfähigkeit besitzen. Der Reichsanstalt wurden seinerzeit durch v. Hevesy zwei verschiedene, künstlich hergestellte Isotopengemische des Quecksilbers zur Untersuchung auf ihre Leitfähigkeit zugesandt, die sich in der Dichte um 0,3 Promille unterschieden[2]. Um diesen Betrag würde dann auch die Widerstandseinheit verschieden ausfallen; das ist aber das 30fache des zulässigen Fehlers. Auch ist es keineswegs ausgeschlossen, daß noch erheblich größere Differenzen der Dichte auftreten können, denn die einzelnen Isotopen unterscheiden sich sehr erheblich im Äquivalentgewicht, und die Dichte ist dem Atomgewicht proportional. Wenn auch bis jetzt kein Anhalt dafür vorliegt, daß die auf der Erde vorkommenden natürlichen Isotopengemische Unterschiede in der Dichte zeigen, so ist doch die Möglichkeit solcher Abweichungen nicht von der Hand zu weisen. Es wird also vielleicht doch noch nötig sein, eine bestimmte Dichte vorzuschreiben oder andere Maßregeln zu treffen, um das empirisch definierte Ohm sicherzustellen. Doch spielte diese Frage damals und auch auf dem Londoner Kongreß noch keine Rolle, da die Kenntnis von den Isotopen erst neueren Datums ist.

Ferner ist auch nicht berücksichtigt, daß der Druck von Einfluß auf den Widerstand des Quecksilbers ist. Die Messungen in der PTR ergaben eine Widerstandszunahme von $3{,}5 \times 10^{-5}$ für 1 at[3], so daß es einen Unterschied macht, ob sich das Quecksilber im Vakuum befindet oder unter Atmosphärendruck. Auch hierüber müßte im Gesetz eine Angabe enthalten sein.

---

[1] Scheel, K., u. F. Blankenstein: Z. Physik Bd. 31 (1925) S. 202.
[2] Jaeger, W., u. H. v. Steinwehr: Z. Physik Bd. 7 (1921) S. 111.
[3] Jaeger, W., u. H. v. Steinwehr: Z. Physik Bd. 9 (1922) S. 201.

Durch die vorläufigen Besprechungen und Vereinbarungen in Edinburgh zwischen Vertretern von Deutschland, England, Frankreich und Nordamerika war eine gute Basis für die Beratungen des Kongresses in Chicago geschaffen worden.

E. Delegierten-Kongreß von Chicago, 1893[1].

An dem Kongreß in Chicago nahmen u. a. Helmholtz, Rowland, Mascart, Violle teil. Die in Edinburgh getroffenen Abmachungen wurden, wie zu erwarten war, glatt angenommen. Das Ampere wurde definiert als der unveränderliche Strom, der aus einer wässerigen Lösung von salpetersaurem Silber (jetzt Silbernitrat) in der Sekunde mittlerer Sonnenzeit 0,001118 g Silber niederschlägt.

Für die Widerstandseinheit wurde festgesetzt: Als Ohm gilt der elektrische Widerstand einer Quecksilbersäule von der Temperatur des schmelzenden Eises, deren Länge bei durchweg gleichem Querschnitt 106,3 cm und deren Masse 14,452 g beträgt, was einem Quadratmillimeter der Säule gleichgeachtet werden darf.

Diese Definition ist gleichbedeutend mit 1,063 SE. In die Definition ist, wie man sieht, auch das Quadratmillimeter aufgenommen worden; maßgebend für die Herstellung der Einheit ist aber die Masse.

Der Kongreß ging aber noch über die gemachten Vorschläge hinaus, indem er in Übereinstimmung mit den Vorarbeiten für den englischen Gesetzentwurf aus dem Jahre 1891, in welchem für die EMK des Clarkelementes bei 62° F der Wert 1,433 Volt angegeben war[2], empfahl, das Clarksche Normalelement als gesetzliches Spannungsnormal neben den beiden Einheiten des Widerstandes und der Stromstärke anzunehmen. Dies geschah in der an sich richtigen Erwägung, daß in der Praxis die elektrischen Messungen mit Normalwiderständen und -elementen vorgenommen werden. Demgemäß wurde für die Spannung des Clarkschen Normalelementes (das Weston-Element war damals noch nicht im Gebrauch) der Wert 1,434 Volt bei 15° C angenommen.

Auf diese Weise waren nun aber drei elektrische Grundeinheiten vorhanden, aus denen man in beliebiger Kombination die anderen Einheiten ableiten konnte. Es war danach also sowohl zulässig, das Ampere durch das Silbervoltameter zu bestimmen, wie auch seinen Wert aus der Spannung des Clarkelementes und einem Widerstand abzuleiten.

Dieser Schritt der Kommission erwies sich aber in der Folge als sehr verhängnisvoll und gab Anlaß zu großen Unzuträglichkeiten, sowohl bei wissenschaftlichen Messungen wie auch im wirtschaftlichen Verkehr der Länder. Denn es zeigte sich bald, daß die für das Clark-Element festgesetzte Spannung um etwa 1 Promille zu hoch war, wenn die für das Ohm und das Ampere getroffene Festsetzung zugrunde gelegt wurde.

Auf dem Kongreß wurde ferner eine Kommission von drei Mitgliedern gewählt (Helmholtz, Ayrton, Cahart), welcher die Aufgabe zuerteilt

[1] Proceed. of the Intern. Congress, Chicago 1893, publ. by the Amer. Inst. of Electr. Eng., New York 1894; vgl. daselbst S. 17. — Vgl. auch Wachsmuth, R.: Zur Frage der Legalisierung elektrischer Maßeinheiten. ETZ 1893, S. 353.

[2] Electrician Bd. 27 (1891) S. 490.

wurde, Vorschriften für die Herstellung des Clark-Elementes auszuarbeiten. Diese Aufgabe konnte indessen durch die Erkrankung von Helmholtz und seinen 1894 erfolgten Tod nicht zu Ende geführt werden.

Die Beschlüsse des Delegiertenkongresses zu Chicago hatten allerdings für die beteiligten Länder keine gesetzlich bindende Kraft. Man hatte beabsichtigt, die dort beschlossenen Resolutionen zur Grundlage einer in den verschiedenen Staaten auch formell möglichst übereinstimmenden und somit wirklich internationalen Gesetzgebung zu machen, wozu dann erst noch weitere Verhandlungen erfolgen sollten.

Diese Absicht wurde jedoch durch das Vorgehen Amerikas vereitelt, wo alsbald eine gesetzliche Verordnung erlassen wurde, die den in Chicago gefaßten Beschlüssen wörtlich entsprach[1] und für alle drei Einheiten (Widerstand, Stromstärke und Spannung) empirische Definitionen festsetzte. Bald darauf folgte auch die Bekanntmachung des englischen und des französischen Gesetzes[2], die sich beide gleichfalls hinsichtlich der drei elektrischen Einheiten an die Beschlüsse von Chicago anlehnten.

Für diese Länder ergaben sich nun wegen der Unrichtigkeit der für das Clark-Element angenommenen Spannung in immer wachsendem Maße Schwierigkeiten bei den elektrischen Messungen. In Amerika ist noch heute das Gesetz ungeändert in Gültigkeit, weshalb Amerika bestrebt ist, zur Beseitigung des Gesetzes überhaupt von den empirischen Einheiten abzugehen und statt dieser die absoluten Einheiten zu wählen.

Deutschland dagegen war dem Vorgehen der oben genannten Länder nicht gefolgt, sondern legte in dem 1898 erlassenen Gesetz über elektrische Maßeinheiten nur zwei Einheiten, das Ohm und Ampere, gemäß den in Chicago gefaßten Beschlüssen fest, während das Volt aus diesen beiden Einheiten mittels des Ohmschen Gesetzes abzuleiten war. Dem Beispiel Deutschland schlossen sich später auch Österreich (1900) und Belgien (1903) an[3].

Vom Jahre 1894 ab wurden in der PTR die Widerstände gemäß den Festsetzungen von Chicago in intern. Ohm geeicht, während bisher das legale Ohm den Eichungen zugrunde gelegen hatte. Von der Reichspost wurde noch bis 1894 die SE benutzt. Als Widerstandseinheit besaß die PTR zu dieser Zeit bereits fünf Quecksilberrohre, die mit denkbar größter Genauigkeit ausgewertet worden waren und welche die empirisch definierte Widerstandseinheit mit einer Genauigkeit von etwa $^1/_{100}$ Promille darstellten (siehe S. 60). In anderen Ländern wurden erst erheblich später Quecksilbereinheiten hergestellt.

F. Übergang vom legalen zum internationalen Ohm.

Die Änderung vom legalen Ohm in das internationale hat manche unliebsamen Folgen gehabt, die sogar mitunter heute noch in Erschei-

---

[1] Units of electrical measure, Bull. Nr. 30 der U. S. Coast and Geodetic Survey, veröffentl. unter dem Datum des 27. Dez 1893.

[2] The London Gazette v. 24. Aug. 1894. — Journ. Officiel v. 2. Mai 1896. —

[3] Bestimmungen d. Österr. Handelsministeriums. Z. Elektr. (Wien) Heft 46 u. 47. — ETZ 1900, S. 1025, sowie Moniteur Belge v. 17. Dez. 1903.

nung treten. Man muß sich vergegenwärtigen, daß z. B. in der PTR im Jahre 1894, als der Übergang zum internationalen Ohm vollzogen wurde, eine ganze Menge in legalen Ohm abgeglichener Widerstände und Widerstandsätze vorhanden waren, zu denen nun andere traten, die in internationalen Ohm geeicht waren. Wenn die Widerstände hätten verkleinert werden müssen, wäre das bei einem großen Teil derselben verhältnismäßig leicht auszuführen gewesen. Eine Vergrößerung derselben war aber im allgemeinen nur dadurch zu bewerkstelligen, daß neue Widerstandsspulen eingesetzt wurden. Deshalb sind die Widerstände nur zum Teil abgeändert worden, da sie auch für viele Zwecke in dem alten Zustand noch gut zu brauchen waren. Zunächst als Vorschaltwiderstände, deren Wert nur roh bekannt zu sein brauchte, sodann als Spannungsteiler, bei denen es ja nur auf das Verhältnis der Widerstände ankommt und schließlich auch zu den eigentlichen Messungen, wenn man die Korrektionen auf das internationale Ohm anbrachte. Doch bildet das Vorhandensein der Widerstände in legalen Ohm immerhin eine gewisse Gefahr. Noch heute sind solche Widerstände in der Reichsanstalt vorhanden, die zu Verwechslungen und Irrtümern Anlaß geben können und wiederholt gegeben haben. Wer die ganze Entwicklung mitgemacht hat, wußte Bescheid und konnte sich leichter vor Irrtümern bewahren. Mittlerweile sind fast 40 Jahre vergangen, und es kommt allmählich eine jüngere Generation, die von diesen Vorgängen nicht unterrichtet ist und ahnungslos die Normale und Widerstandssätze zum Messen benutzt in dem Glauben, daß sie in internationalem Ohm abgeglichen seien. Oft wird dann der Irrtum erst nach längerem Suchen und Vergleichen mit anderen Widerständen erkannt, falls er überhaupt bemerkt wird. Je kleiner die Abänderungen sind, desto gefährlicher sind sie. Einen Unterschied von einigen Promille wird man verhältnismäßig leicht bemerken, dagegen Bruchteile von Promille, durch welche die Messungen ebenfalls unzulässig gefälscht werden, entziehen sich viel leichter der Entdeckung. Recht mißlich ist es auch, wenn irgendeine Messung vor der Änderung der Einheit ausgeführt worden ist, z. B. eine Bestimmung des elektrischen Wärmeäquivalentes, mit Hilfe von legalen Ohm, und die Resultate dann später aus der Literatur einfach übernommen werden, ohne zu beachten, daß inzwischen die Einheit geändert worden ist. Da dies aber der jüngeren Generation vielfach nicht bekannt ist, so können sich solche Fälle leicht ereignen. Bei der im Jahre 1911 vorgenommenen Änderung der Spannung des Westonschen Elementes um etwa 0,3 Promille sind solche Fälle tatsächlich vorgekommen und haben zu unliebsamen Kontroversen geführt, indem behauptet worden ist, daß die früheren Messungen falsch seien[1].

Auf diese Übelstände, die der praktischen Erfahrung entnommen sind, wurde hier etwas näher eingegangen, um zu zeigen, wie mißlich es auf alle Fälle ist, wenn an den Einheiten Änderungen vorgenommen werden, besonders dann, wenn diese klein sind. Da zur Zeit wieder

[1] Vgl. hierzu Jaeger, W., u. H. v. Steinwehr: Verbrennungswärme der Benzoesäure in intern. Joule. Z. physik. Chem. Bd. 135 (1928) S. 342.

Änderungen dieser Art, auf die später noch näher eingegangen wird, geplant sind, so kann nur dringend davor gewarnt werden, diese Pläne auszuführen.

IX. Deutsches Gesetz über die elektrischen Maßeinheiten vom 1. Juni 1898.

Obwohl in Deutschland schon von 1894 an die Widerstände in internationalen Ohm geeicht worden sind, hat es doch noch eine ganze Weile gedauert, bis die in Chicago gefaßten Beschlüsse in Deutschland gesetzlich festgelegt wurden. Hierfür kommen eine Reihe von Umständen in Betracht. Zum Teil lag es an dem Instanzenweg, der für das Zustandekommen eines solchen Gesetzes notwendig ist, sodann aber auch an besonderen Schwierigkeiten, die in diesem Fall vorlagen. In Chicago waren, wie S. 42 gezeigt wurde, drei elektrische Grundeinheiten festgesetzt worden, während zwei Einheiten hinreichend sind. In Deutschland wurde nun rechtzeitig erkannt, daß die Festsetzung dreier Einheiten zu Schwierigkeiten führen konnte; außerdem waren damals in der PTR die Untersuchungen über das Weston-Element (siehe später) so weit gediehen, daß die Ersetzung des Clark-Elementes durch das in vieler Beziehung vorteilhaftere Weton-Element nur eine Frage der Zeit war. Deshalb wäre es unzweckmäßig gewesen, Festsetzungen über das Clark-Element in das Gesetz aufzunehmen. Die Erörterungen über diese Frage nahmen naturgemäß längere Zeit in Anspruch, um so mehr als bereits andere Länder die Festsetzungen von Chicago über die drei Einheiten in ihr Gesetz aufgenommen hatten (siehe S. 43). Dennoch ist es schließlich gelungen, die Definition im deutschen Gesetz auf zwei Einheiten, Ohm und Ampere, zu beschränken. Außerdem war aber auch das Gesetz als solches, wie es in den „Vorschlägen" der PTR bereits niedergelegt worden war, ein juristisches Novum, insofern, als bis dahin Gesetze über immaterielle Dinge, wie es die Elektrizität ist, nicht existierten. So gab es damals auch in juristischem Sinne keinen Diebstahl von Energie, also auch nicht von Elektrizität; es konnten vielmehr nur konkrete Sachen entwendet werden. Wenn z. B. jemand einem fremden Stalle ein Pferd entnahm, um dessen Arbeitskraft auszunutzen und es dann wieder unversehrt in den Stall brachte, so hatte er keinen Diebstahl in juristischem Sinne begangen, denn das Pferd war ja nicht gestohlen. Die Straffälligkeit mußte in diesem Falle auf andere Weise konstruiert werden. Daher konnte man auch keine Elektrizität entwenden. Diese Schwierigkeiten mußten erst überwunden werden; der Diebstahl von elektrischer Energie ist dann später auch unter Strafe gestellt worden[1]. Auch die juristisch ungewohnte Formulierung der Gesetze, in denen vor allem damals keine mathematischen Formeln vorkommen durften, verursachte Schwierigkeiten. Zunächst mußte dann der Bundesrat über das zu erlassende Gesetz schlüssig werden, ehe es schließlich dem Reichs-

---

[1] Gesetz betr. die Bestrafung der Entziehung elektr. Arbeit vom 9. April 1900. — Reichsgesetzblatt S. 228. — Deutscher Reichsanzeiger Nr. 97 v. 23. April.

tag vorgelegt werden konnte. Das Gesetz hat dann fast genau die Form erhalten, in der es in den „Vorschlägen" abgefaßt war. Im folgenden ist der Wortlaut des Gesetzes im wesentlichen wiedergegeben.

Gesetz über die elektrischen Maßeinheiten vom 1. Juni 1898[1].

1. Die gesetzlichen Einheiten für elektrische Messungen sind das Ohm, das Ampere und das Volt.

2. Das Ohm ist die Einheit des elektrischen Widerstandes. Es wird dargestellt durch den Widerstand einer Quecksilbersäule von der Temperatur des schmelzenden Eises, deren Länge bei durchweg gleichem, einem Quadratmillimeter gleich zu achtenden Querschnitt 106,3 cm und deren Masse 14,4521 g beträgt.

3. Das Ampere ist die Einheit der elektrischen Stromstärke. Es wird dargestellt durch den unveränderlichen Strom, welcher bei dem Durchgang durch eine wässerige Lösung von Silbernitrat in einer Sekunde 0,001118 g niederschlägt.

4. Das Volt ist die Einheit der elektromotorischen Kraft. Es wird dargestellt durch die elektromotorische Kraft, welche in einem Leiter, dessen Widerstand ein Ohm beträgt, einen elektrischen Strom von einem Ampere erzeugt.

Hieran schließen sich noch folgende Bestimmungen:

a) Die Elektrizitätsmenge, welche bei einem Ampere in der Sekunde durch den Querschnitt der Leitung fließt, heißt eine Amperesekunde (Coulomb), die in einer Stunde hindurchfließende Elektrizitätsmenge heißt eine Amperestunde.

b) Die Leistung von einem Ampere in einem Leiter von einem Volt Endspannung heißt ein Watt.

c) Die Arbeit von einem Watt während einer Sekunde heißt eine Wattsekunde.

d) Die Kapazität eines Kondensators, welcher durch eine Amperesekunde auf ein Volt geladen wird, heißt ein Farad.

e) Der Induktionskoeffizient eines Leiters, in welchem ein Volt induziert wird durch die gleichmäßige Änderung der Stromstärke von einem Ampere in der Sekunde, heißt ein Henry.

Mit der Herstellung und Überwachung der elektrischen Einheiten und der Prüfung eingesandter Normale wird die PTR in Charlottenburg durch das Gesetz betraut. Sie hat vor allem Quecksilbernormale des Ohm herzustellen und für deren Kontrolle und sichere Aufbewahrung zu sorgen, und hat Normale aus festen Metallen an die Quecksilbernormale anzuschließen und deren Wert durch öftere Vergleichung sicherzustellen. Sie hat ferner für die Ausgabe amtlich beglaubigter Widerstände und galvanischer Normalelemente Sorge zu tragen.

Ferner wurden später durch den Bundesrat noch Ausführungsbestimmungen hierzu erlassen, auf die hier nicht näher eingegangen werden soll.

Durch dieses Gesetz war also in Deutschland für die elektrischen Einheiten eine amtliche Zentralstelle geschaffen, wie sie für Maß- und Gewichtseinheiten schon lange bestand.

X. Gebrauchsnormale. Manganinwiderstände und Normalelemente.

Ehe auf die Herstellung der Grundeinheiten selbst gemäß den gesetzlichen Vorschriften eingegangen wird, müssen zunächst die Gebrauchs-

[1] Reichsgesetzblatt S. 905. — Deutscher Reichsanzeiger Nr. 138 vom 14. Juni 1898. — Ferner Bestimmungen zur Ausführung des Gesetzes betr. die elektr. Maßeinheiten, erlassen vom Bundesrat am 6. Mai 1901; Reichsgesetzblatt S. 127, Deutscher Reichsanzeiger Nr. 110 sowie ETZ Bd. 22 (1901) S. 531.

normale näher ins Auge gefaßt werden. Denn diese sind ja, wie bereits ausgeführt wurde, die eigentliche Grundlage aller elektrischen Messungen und die Grundeinheiten schweben sozusagen in der Luft, wenn keine zuverlässigen und konstanten Gebrauchsnormale vorhanden sind. Sie sind fast noch wichtiger als die Einheiten selbst und sind das Haupterfordernis für alle Messungen. Auf dem Gebiete der Gebrauchsnormalen sind seit Begründung der Reichsanstalt außerordentliche Fortschritte gemacht worden, die den heutigen hohen Stand der Messungen erst ermöglicht haben. Als die elektrischen Messungen in der Reichsanstalt aufgenommen wurden, standen die Widerstandsnormale und Sätze der Firma Siemens & Halske zur Verfügung, die bereits recht zuverlässig waren, aber erheblich von der Temperatur abhingen und auch eine große Thermokraft gegen Kupfer besaßen. Sie bestanden aus Neusilber bzw. Patentnickel mit einem Temperaturkoeffizienten von etwa 0,1 Promille und mehr pro Grad. Die Korrektion der Widerstände wegen der Temperatur war daher erheblich. Die Genauigkeit, mit der sie auf das Ohm zurückgeführt waren, kann vielleicht auf etwa 1 Promille geschätzt werden. Normalelemente waren noch nicht in Gebrauch, obwohl die Clark-Elemente schon lange bekannt waren; sie zeigten aber noch große Unregelmäßigkeiten, die erst später zum Teil beseitigt werden konnten. Man mußte den Strom meistens mit der Tangentenbussole oder ähnlichen Instrumenten messen, was recht unbequem war; auch konnte dabei keine große Genauigkeit erreicht werden (vgl. auch die Ausführungen S. 38). Es dauerte aber nicht sehr lange, bis ein in jeder Beziehung befriedigender Zustand erreicht worden war. Im Jahre 1894 konnte man diese Arbeiten im wesentlichen als abgeschlossen ansehen.

A. Manganinnormale.

Schon lange hatte man das Bestreben, Widerstände mit kleinerem Temperaturkoeffizienten herzustellen. Während die reinen Metalle eine Widerstandänderung von 4 Promille für einen Grad zeigen, war man mit Legierungen wie Patentnickel bereits auf etwa 0,1 Promille heruntergekommen, vermochte aber nicht, den Koeffizienten noch weiter herunterzusetzen. Außerdem war auch bei den benutzten Legierungen die Thermokraft gegen Kupfer unbequem groß, wodurch leicht Fehler bei den Messungen entstanden. Da bedeutete es einen sehr erheblichen Fortschritt, als es Weston in Newark gelang, durch Zusatz von Mangan Legierungen herzustellen, deren Temperaturkoeffizient sogar negativ war[1]. Er wollte diese Legierungen als Kompensation gegen die Widerstandsänderung in den Kupferspulen der von ihm gebauten Apparate verwenden. In der Erwägung, daß es an Hand dieser Entdeckung auch gelingen müsse, geeignete Legierungen für Widerstände mit einem sehr kleinen Temperaturkoeffizienten herzustellen, wurden nun in der PTR[2]

[1] Weston: Amerik. Patent Nr. 381304/05.

[2] Feussner, K., u. St. Lindek: Z. Instrumentenkde Bd. 9 (1889) S. 233 und Bd. 15 (1895) S. 394. — Wiss. Abh. d. PTR Bd. 2 (1895) S. 501. — Feussner, K., Verhdl. dtsch. physik. Ges. Bd. 10 (1891) S. 109. — ETZ Bd. 13 (1892) S. 99. — Lindeck, St.: Rep. of the Brit. Assoc. 1892, App. IV.

systematische Untersuchungen mit verschiedenartigen Legierungen angestellt, die von der Isabellenhütte in Dillenburg nach Angabe geliefert wurden. Es erschien dabei wichtig, solche Legierungen ausfindig zu machen, die neben sehr kleiner Widerstandsänderung auch eine möglichst kleine Thermokraft gegen Kupfer besaßen und auch in ihrem mechanischen Verhalten geeignet erschienen. Das Resultat dieser Untersuchungen war das „Manganin" (84 Kupfer, 12 Mangan, 4 Nickel), das diese Bedingungen erfüllte, nur eine Widerstandsänderung von einigen $^1/_{100}$ Promille pro Grad aufwies und somit einen gewaltigen Fortschritt gegenüber den bisher benutzten Legierungen darstellte. Die geringe Thermokraft war durch den Zusatz von Nickel, die kleine Temperaturänderung durch das Mangan bewirkt worden. Das „Manganin" wurde dann in der Folge in stets gleicher Zusammensetzung von der Isabellenhütte geliefert. Eine andere bei diesen Untersuchungen aufgefundene Legierung, das sogenannte „Konstantan" (60 Kupfer, 40 Nickel) hatte zwar auch einen verschwindend kleinen Temperaturkoeffizienten, besaß aber eine große Thermokraft gegen Kupfer (etwa 40 Mikrovolt pro Grad), so daß es bekanntlich vielfache Verwendung für Thermoelemente findet.

Mit der Auffindung des Manganins waren nun aber die Untersuchungen noch nicht abgeschlossen; es mußten auch zeitlich konstante Widerstände hergestellt werden. Der Übelstand, daß neu hergestellte Widerstände, besonders im Anfang, ihren Wert stark ändern, konnte durch das sog. „künstliche Altern" beseitigt werden. Denn beim Wickeln der Widerstandsspulen erleidet das Material Formänderungen, deren Einfluß erst nach langer Zeit verschwindet. Durch längeres Erhitzen der fertigen Spulen auf etwa 120°, wobei die zur Isolation benutzte Seide noch nicht gefährdet wird, kann die durch die Beanspruchung des Materials bewirkte Widerstandsänderung wieder aufgehoben werden, so daß die Widerstände dann von Anfang an ihren Wert beibehalten. Die „künstliche Alterung" ist auch ein sehr wesentliches Erfordernis zur Herstellung zuverlässiger Widerstandsnormale.

Weitere Untersuchungen bezogen sich auf die zweckmäßige Konstruktion der Widerstände, worauf aber hier nicht näher eingegangen werden kann. Wesentlich ist es, daß die Enden der Widerstandsdrähte an die Zuleitungen hart angelötet werden.

Nicht unerwähnt darf bleiben, daß die Herstellung zuverlässiger Normalwiderstände eine besondere Förderung dadurch erfahren hat, daß Otto Wolf in Berlin, der Inhaber der auch im Ausland rühmlich bekannten Firma, sich der Angelegenheit mit großer Umsicht und Sorgfalt widmete und sich so zu einem hervorragenden Spezialisten auf dem Gebiete der Widerstandsnormale entwickelt hat. Die Zuverlässigkeit und Güte der von ihm hergestellten Fabrikate kann nicht übertroffen werden.

Es sei noch bemerkt, daß Widerstandsnormale, die unterhalb von 1 Ohm liegen, besondere Potentialklemmen besitzen müssen, damit der Widerstand genau definiert ist und die Kupferzuleitungen der Bügel ohne Einfluß auf die Messung bleiben. Derartige Widerstände können natürlich nicht hintereinandergeschaltet werden. Während die Widerstände höheren Betrages aus Drähten hergestellt sind, bestehen sie von unterhalb 0,1 Ohm ab meist aus Blech und bei den ganz kleinen Beträgen aus gegossenen Blöcken.

Für die Definition von körperlichen Leitern, wie sie durch solche Blöcke dargestellt werden, sind vier Zuleitungen unbedingt erforderlich, von denen zwei für die Stromzuführung, die anderen zur Potentialabnahme dienen. Nach einem von Helmholtz aufgestellten, ganz allgemein gültigen Satz[1] dürfen Strom- und Potentialzuführungen vertauscht werden, ohne daß der Widerstand dadurch geändert wird, doch darf dies nicht nur einseitig geschehen. Für die Messungen ist dieser Umstand mitunter von Bedeutung. Zum Zweck der sicheren Definition des Widerstandes besitzen auch Normale von höherem Widerstand häufig besondere Potentialklemmen.

Über die zeitliche Konstanz der Manganinnormale, deren Wert nun in der Reichsanstalt seit etwa 40 Jahren kontrolliert wird, soll später bei der Herstellung der elektrischen Einheiten noch Mitteilung erfolgen.

Der Temperaturkoeffizient des Manganins ist nicht konstant, sondern selbst eine lineare Funktion der Temperatur, so daß die Abhängigkeit des Widerstandes von der Temperatur auch bei den zur Prüfung eingesandten Widerständen in der Regel durch eine quadratische Formel dargestellt wird. Das Maximum der Kurve liegt meist oberhalb der Zimmertemperatur.

Zu beachten ist noch der Einfluß der Luftfeuchtigkeit. Der Widerstandswert der Manganinnormale schwankt z. T. mit der Jahreszeit, besonders für Drahtwiderstände, die größer als 1 Ohm sind. Diese Schwankungen sind darauf zurückzuführen, daß die mit Schellacklösung getränkte Seidenumspinnung der Drähte unter dem Einfluß der Feuchtigkeit etwas quillt, so daß kleine Formveränderungen der Spule auftreten. Die Präzisionswiderstände werden daher in einem verschlossenen Kasten aufbewahrt, dessen Luft auf einem konstanten Feuchtigkeitsgrad gehalten wird; sie werden nur bei der Messung herausgenommen. Das BSt hat auch Manganinnormale konstruiert, bei der sich die Spule in einer hermetisch verschlossenen, mit Paraffinöl gefüllten Metallhülse befindet. Doch folgen diese Normale der Temperatur viel schlechter als die Widerstände, bei denen die Metallhülse mit Löchern versehen ist[2].

B. Normalelemente[3].

Als erstes brauchbares Normalelement, das die Forderung der Reproduzierbarkeit und Konstanz prinzipiell erfüllte, ist das Clark-Element

[1] Helmholtz, H. v.: Wiss. Abh. Bd. 1 S. 496. — Pogg. Ann. Bd. 39 (1853) S. 353.

[2] Vgl. hierüber Smith, F. E.: Philos. Mag. Sept. 1908, S. 450. — Jaeger, W., u. St. Lindeck: Electrician Aug. 1907, S. 1. — Lindeck, St.: Z. Instrumentenkde Bd. 28 (1908) S. 229.

[3] Vgl. auch Jaeger, W.: Die Normalelemente und ihre Anwendung in der elektr. Meßtechnik (Halle a. S.: W. Knapp 1902), sowie Referat in Z. Instrumentenkde Bd. 20 (1900) S. 308 u. Reihe von Mitteilungen im Zbl. für Elementen- u. Akkumulatorenkunde.

anzusehen, das bereits im Jahre 1872 vorgeschlagen worden ist[1] und in England vom Board of Trade als Normalform angenommen worden war.

1. Clark-Element.

Das Clark-Element ist ein sog. „reversibles Element“ im physikalisch-chemischen Sinn, d.h. beim Stromdurchfluß im einen oder anderen Sinn bleibt seine Zusammensetzung ungeändert oder, wie man sagt, es entstehen keine neue „Phasen“ bzw. chemische Verbindungen. Wenn z. B. ein Element, bei dem Zink in Schwefelsäure steht, Strom liefert, so wird Zinksulfat gebildet, das vorher nicht da war; es entsteht eine neue Phase; dies darf also bei einem reversiblen Element nicht geschehen, ebenso darf auch keine Phase verschwinden. Das Clark-Element ist zusammengesetzt nach dem Schema $Zn/ZnOS_4/Hg_2SO_4/Hg$, d. h. Zink (bzw. Zinkamalgam) befindet sich in einer Lösung von Zinksulfat (Elektrolyt) und bildet den negativen Pol, während Quecksilber den positiven Pol darstellt; über dem Quecksilber ist das schwerlösliche Merkurosulfat als „Paste“ aufgeschichtet und dient als „Depolarisator“, von dem noch weiter die Rede sein wird. Beim Stromdurchgang in der einen oder anderen Richtung findet eine chemische Umsetzung statt nach dem Schema $Zn + Hg_2SO_4 \rightleftarrows ZnSO_4 + 2\,Hg$. Wenn das Element Strom liefert, wird Zinksulfat gebildet und Quecksilber ausgeschieden, bei der umgekehrten Richtung des Stromes wird durch Auflösen von Quecksilber Merkurosulfat gebildet und dafür Zink ausgeschieden. Diese Operationen bedingen im wesentlichen die EMK, welche durch die chemischen Prozesse geliefert wird. Es entstehen also beim Stromdurchgang keine Phasen, die nicht schon vorher vorhanden waren; die Zusammensetzung des Elementes bleibt somit ungeändert. Da außerdem das Zinksulfat als gesättigte Lösung mit einem Überschuß von festen Kristallen des Hydrats ($ZnSO_4$, $7\,H_2O$) in dem Element vorhanden ist, so erfährt auch die Konzentration der Lösung, die als Elektrolyt bezeichnet wird, keine Änderung, wie es bei verdünnten Elektrolyten der Fall sein würde (z. B. Weston-Element mit verdünnter Lösung, siehe später). Durch eine Konzentrationsänderung wird die EMK des Elements ebenfalls geändert; sie muß also vermieden werden. Die Anwesenheit des Depolarisators (Hg_2SO_4) ist nötig, weil diese Verbindung bei Stromdurchgang gebildet wird. Wäre sie ursprünglich nicht vorhanden, so würde sich das Element bei Stromdurchgang polarisieren, was es allerdings bis zu einem gewissen Grade dennoch tut infolge von Diffusionsvorgängen, wovon noch die Rede sein wird. An Stelle des Quecksilbers kann auch amalgamiertes Platin verwendet werden. Wie hier gleich bemerkt sei, ist das reversible Weston-Element ganz analog dem Clark-Element zusammengesetzt, indem das Zink durch Kadmium ersetzt ist.

Die äußere Form des Elementes ist sehr verschieden; es gibt eine „Board of Trade-Form“, eine „Cristal-Cell“ usw., worauf hier aber nicht weiter eingegangen werden soll. Wesentlich ist, daß das Merkuro-

[1] Latimer Clark: Proc. Roy. Soc., Lond. Bd. 20 (1872) S. 144 u. Philos. Trans. Roy. Soc., Lond. Bd. 164 (1874) S. 1.

sulfat von dem Zink getrennt ist. Deshalb verwendet man Elemente, bei denen sich das Quecksilber mit der Paste in einer Tonzelle befindet, während der Elektrolyt mit dem Zinkstab in einem äußeren Glasgefäß untergebracht ist (nach Analogie der Bunsen-Elemente usw.). Ein solches Element ist in der PTR angegeben worden[1] und wurde lange Zeit benutzt. Eine andere Möglichkeit, die beiden Pole zu trennen, bietet die von Rayleigh angegebene H-Form des Elementes, die sowohl für das Clark-Element wie auch jetzt ausschließlich für das Weston-Element verwendet wird. Es sei deshalb hier auf Abb. 17 verwiesen, da beim Clark-Element nur das Kadmiumamalgam durch Zinkamalgam und das Kadmiumsulfat durch Zinksulfat zu ersetzen ist.

Die Untersuchung des Clark-Elementes, das mancherlei Unregelmäßigkeiten zeigte, wurde in England besonders durch Lord Rayleigh, sodann durch Glazebrook und Skinner sowie Callendar, Schuster u. a., in Amerika durch Cahart gefördert[2]. In der Reichsanstalt wurden später ebenfalls eingehende Untersuchungen über das Element angestellt, wodurch es wesentlich verbessert wurde[3]; es gelangte dann in der von Feussner (l. c.) angegebenen Form in den Handel (Tonzelle-Element).

Die Hauptnachteile des Clark-Elementes, dessen EMK etwa 1,43 Volt beträgt, bestehen erstens in der starken Veränderung der EMK mit der Temperatur (Abnahme der EMK etwa $^1/_{100}$ Volt pro Grad Temperaturerhöhung) und zweitens in der von den Engländern als „lag“ bezeichneten Eigenschaft, einer Art Hysteresis. Diese rührt daher, daß die Konzentration des gesättigten Elektrolyts (Zinksulfatlösung) sich stark mit der Temperatur ändert und daß es lange Zeit dauert, bis sich diese Konzentration, durch welche die EMK beeinflußt wird, durch Auflösen von Kristallen (bzw. Ausscheiden derselben) herstellt. Daher ist es notwendig, daß sich das Element schon lange Zeit vor der Messung auf ganz konstanter Temperatur befindet, eventuell in Eis gebettet wird. Auch darauf muß man achten, daß beide Pole des Elements die gleiche Temperatur besitzen, da die Temperaturkoeffizienten der einzelnen Pole sehr groß sind. Bei Elementen mit Tonzelle ist dies auch nur zu erreichen, wenn die Temperatur sehr lange konstant ist. Die Messungen mit den Clark-Elementen bieten daher gewisse Schwierigkeiten. Auch zeigen die Elemente mit Tonzelle eine etwas höhere EMK als die H-Elemente (einige zehntel Promille).

Die Temperaturformel des Clark-Elementes lautet, wenn E_{15} die EMK des Elementes bei 15° C und E_t diejenige bei $t°$ bedeutet:

$$E_t = E_{15} - 0{,}00119\,(t - 15°) - 0{,}000007\,(t - 15°)^2 \text{ Volt} \quad .$$

Die Bezugstemperatur 15° C beim Clark-Element ist etwas unbequem, aber eine alte Tradition; man nimmt jetzt meist 18° oder 20° dafür.

[1] Feussner, K.: Sammlung elektrotechn. Vorträge (Voit) Bd. 1 (1897) Heft 3 S. 135.

[2] Lord Rayleigh: Philos. Trans. Roy. Soc., Lond. Bd. 175 (1884) S. 412 u. Bd. 176 (1885) S. 781. — Glazebrook, R. T., u. S. Skinner: Philos. Trans. Roy. Soc., Lond. Bd. 183 (1892) S. 567.

[3] Lindeck, St.: Z. Instrumentenkde Bd. 12 (1892) S. 12. — Kahle, K.: Z. Instrumentenkde Bd. 12 (1892) S. 117 u. Bd. 13 (1893) S. 191 u. 293. — Wied. Ann. Bd. 51 (1894) S. 174 u. 203.

Für E_{15} wurde zu dieser Zeit, als das legale Ohm noch gültig war, also vor 1894, der Wert 1,438 Volt benutzt, der später infolge des Beschlusses in Chicago in 1,434 int. Volt abgeändert wurde. Dieser Wert war aber, wie bereits erwähnt, um etwa 1 Promille zu hoch angesetzt. Auf Grund sorgfältiger Messungen mit dem Silbervoltameter in der PTR wurde dann in Deutschland seit dem Jahre 1898 der Wert 1,4328 int. Volt bei 15° allen Messungen zugrunde gelegt (vgl. auch Weston-Element S. 45). Das Verhältnis Clark 15/Clark 0° wurde zu 0,9885 bestimmt. Aus den obigen Angaben ersieht man, daß bei der Benutzung von früher angestellten elektrischen Messungen wegen der verschiedenen Änderungen der EMK des Clark-Elementes große Vorsicht geboten ist. Infolge der beim Clark-Element vorhandenen verschiedenen Unsicherheiten ist auch viel an früheren Messungen herumgerechnet worden (z. B. bei der Bestimmung des elektrischen Wärmeäquivalentes); doch sind dabei verschiedene Autoren häufig zu ziemlich abweichenden Resultaten gekommen. Eine große Reihe sonst wertvoller Arbeiten sind vielfach durch diese Unsicherheit der elektrischen Grundlagen und den Mangel zuverlässiger Gebrauchsnormale unbrauchbar geworden.

Abb. 16. Edward Weston, geb. 9. 5. 1850.

2. Weston-Element.

Gegenüber den mancherlei Unzuträglichkeiten, welche die Benutzung des Clark-Elementes mit sich bringt, stellt das Westonsche Element einen sehr erheblichen Fortschritt dar, weil infolge seines sehr kleinen Temperaturkoeffizienten die Messungen mit diesem Element bedeutend bequemer und genauer ausgeführt werden können als mit dem Clark-Element. Das Weston-Element wird auch als Kadmiumelement bezeichnet, weil bei ihm das Zink des Clark-Elements durch Kadmium ersetzt ist. Weston in Newark, dem die elektrische Meßtechnik so viele wertvolle Verbesserungen verdankt, hat dies Element aufgefunden, das nur in sehr geringem Maße von der Temperatur abhängt[1]. Er selbst hat indessen solche Elemente nicht in den Handel gebracht; es dauerte

[1] Weston: DRP. 75194. — Electrician Bd. 30 (1892) S. 741. ETZ Bd. 13 (1892) S. 235. — Dearlove, A.: Electrician Bd. 31 (1893) S. 645.

überhaupt ziemlich lange, bis infolge der Untersuchungen der PTR dieses Element käuflich zu haben war. Auch hielt man noch lange aus alter Gewohnheit an dem Clark-Element fest, das selbst jetzt noch nicht ganz verschwunden ist. Als die Kunde von der wichtigen Entdeckung Westons zur Reichsanstalt gelangte, wurden daselbst sofort Kadmiumelemente in H-Form ganz analog den Clark-Elementen mit gesättigtem Elektrolyt zusammengesetzt und untersucht[1]. Schon die ersten Versuche fielen sehr zufriedenstellend aus, da die sechs hergestellten Elemente eine vorzügliche Übereinstimmung zeigten und nur einen Temperaturkoeffizienten von 0,04 Promille hatten, also weniger als den zwanzigsten Teil des für das Clark-Element geltenden Koeffizienten.

Trotz dieser geringen Temperaturabhängigkeit, welche die Kadmiumelemente mit gesättigtem Elektrolyten besitzen, gab sich Weston damit nicht zufrieden, sondern hatte das Ziel, solche Elemente herzustellen, die überhaupt innerhalb des in Betracht kommenden Temperaturbereiches völlig unabhängig von der Temperatur waren. Dies gelang ihm dadurch, daß er an Stelle eines gesättigten Elektrolyts eine verdünnte, bei etwa 4° C gesättigte Kadmiumsulfatlösung verwandte. Solche Elemente sind indessen nicht reproduzierbar, sondern müssen durch Vergleichung abgestimmt werden, indem die Konzentration der Lösung ausprobiert wird. Außerdem sind sie nicht streng reversibel, da sich die Konzentration des Elektrolyts beim Stromdurchgang und auch durch chemische Umsetzung allmählich ändert, so daß die Elemente zeitlich nicht ganz konstant sind. Die Elemente mit gesättigter Lösung, wie sie in der Reichsanstalt von vornherein hergestellt wurden, und die vollkommen reversibel und reproduzierbar sind, stellen die eigentlichen Normalelemente dar, die auch auf dem Londoner Kongreß 1908 unter dem Namen „Weston-Elemente“ als Normale für die Spannung international angenommen wurden. Daneben werden aber in der Reichsanstalt auch die Kadmiumelemente mit verdünnter Lösung, die bei 20° C eine um rund 0,4 Promille höhere EMK besitzen, als die „WestonElemente“, zur Prüfung zugelassen, so daß jetzt zwei Arten von geprüften Kadmiumelementen als Gebrauchsnormale der Spannung im Gebrauch sind, die eine nicht unerheblich verschiedene EMK besitzen. Diesen Umstand muß man stets beachten; durch Außerachtlassen desselben können erhebliche Fehler bei den Messungen auftreten.

Ehe aber das Westonsche Element den heutigen Zustand der Vollkommenheit erreichte und ehe es allen Anforderungen entsprach, die man an ein gut reproduzierbares Normalelement stellen muß, waren noch eine Reihe von Fragen zu lösen und Untersuchungen in verschiedener Richtung anzustellen. Jetzt kann man in der PTR auf eine fast vierzigjährige Erfahrung mit den Weston-Elementen zurückblicken, nach der sie sich trotz mannigfacher Anfechtungen, die sie von verschiedenen Seiten zu erfahren hatten, vortrefflich bewährt haben.

Wegen der wichtigen Rolle, welche die Kadmiumelemente bei den

[1] Jaeger, W., u. R. Wachsmuth: ETZ Bd. 15 (1894) S. 507.

praktischen Messungen spielen, muß nun noch näher auf einige Punkte eingegangen werden.

Der schematische Bau des Kadmiumelementes ist ganz analog dem des Clark-Elementes, so daß hier auf die Erörterungen auf S. 50 hingewiesen werden kann. Wenn das Element Strom liefert, wird Kadmium gelöst und unter Bildung von Kadmiumsulfat Quecksilber ausgeschieden. Das den negativen Pol des Elementes bildende Kadmium wird stets in Form von Amalgam verwendet. Der Elektrolyt (Kadmiumsulfatlösung) enthält feste Kristalle des Hydrates $CdSO_4$, $^8/_3 H_2O$ (bei dem eigentlichen Normalelement).

Für das Weston-Element wird ausschließlich die H-Form verwandt, siehe Abb. 17, in der das Element mit gesättigter Lösung dargestellt ist. Die Zusammensetzung des Elementes ist daraus ohne weiteres ersichtlich. Das Merkurosulfat (Hg_2SO_4) wird als „Paste" über das Quecksilber geschichtet und stellt wieder den Depolarisator dar. Bei den jetzt in den Staatsinstituten gebräuchlichen Normalelementen sind die Schenkel (siehe Abb. 17) oben zugeschmolzen, damit kein Wasser verdampfen kann. In der früheren Zeit waren die Elemente durch paraffinierte Korke verschlossen und gut versiegelt.

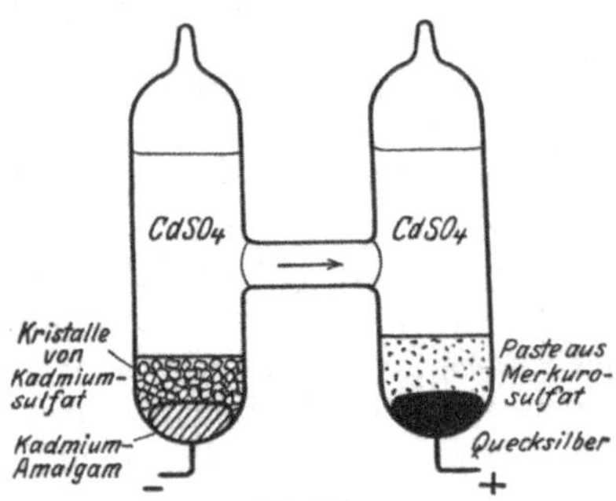

Abb. 17.

Die jetzt von der Weston Instrument Co. (früher European Weston Electrical Co.) in Berlin ausgegebenen Elemente beider Art besitzen eine besondere patentierte Einrichtung, um die Transportfähigkeit derselben zu garantieren (durchlöcherter Porzellanstempel, der die festen Teile des Elementes niederdrückt). Sie sind aber nicht zugeschmolzen, sondern mit einem Harzkitt verschlossen, so daß man sie nicht in ein Petroleumbad einstellen kann wie die Elemente der Staatsinstitute, wenigstens nicht bis an das obere Ende. Zum Schutz sind sie noch in ein Metallgefäß eingebaut.

a) Kadmiumamalgam. Die zuerst in der Reichsanstalt hergestellten Westonschen Elemente (Anfang 1894) enthielten als negativen Pol ein Amalgam von 1 Gewichtsteil Kadmium auf 6 Teile Quecksilber, also ein Amalgam von 16,7%. Eine nähere Untersuchung des Kadmiumamalgams[1] hinsichtlich seines elektromotorischen Verhaltens gegen Kadmiumsulfatlösung bei Zimmertemperatur ergab, daß die EMK innerhalb eines gewissen Konzentrationsbereiches (etwa 5—14% Kadmium) unabhängig von dem Prozentgehalt des Amalgams ist, daß sie aber unterhalb 5% schnell abfällt zur Spannung des Quecksilbers hin und oberhalb 14% rasch ansteigt bis zur Spannung des reinen Kadmiums (etwa 0,05 Volt höher als beim Amalgam). Wenn man also ein gut definiertes Element herstellen will, muß man innerhalb des angegebenen

[1] Jaeger, W.: Wied. Ann. Bd. 65 (1898) S. 106.

Konzentrationsbereiches bleiben; reines Kadmium kann nicht verwendet werden, da seine Spannung nicht genügend definiert ist. Später wurden noch von anderer Seite Untersuchungen über das Kadmiumamalgam angestellt, die zeigten, daß der konstante Bereich der Kurve von der Temperatur abhängt und daß das Amalgam innerhalb dieses Bereiches aus einer festen Phase des Amalgams mit der Zusammensetzung Cd_2Hg (Schmelzpunkt 73°) und einer flüssigen Phase besteht, deren Zusammensetzung von der Temperatur abhängt und die eine Lösung der festen Phase in Quecksilber darstellt. Diese flüssige Phase ist allein für die EMK des Elementes maßgebend[1].

Man muß deshalb die Zusammensetzung des Amalgams so wählen, daß bei allen in Betracht kommenden Temperaturen sowohl feste, als flüssige Phase vorhanden ist. Dieses Verhalten des Kadmiumamalgams ist auch der Grund dafür, daß man kein amalgamiertes Kadmium benutzen kann, da bei diesem die Oberfläche keine definierte Zusammensetzung hat.

In der Reichsanstalt kamen vor diesen Untersuchungen meist Amalgame von 14,3% zur Anwendung; diese Elemente zeigten aber in der Nähe von 0° mitunter starke Abweichungen[2], die, wie E. Cohen in Utrecht zeigte[3], auf das Verhalten des Amalgams zurückzuführen sind (Umwandlungserscheinungen). Er stellte dann die Behauptung auf, daß das Westonsche Kadmiumelement metastabil und deshalb unbrauchbar als Normalelement sei. Aber bei Verwendung eines etwas verdünnteren Amalgams (10—13%) zeigen die Elemente keinerlei Unregelmäßigkeiten mehr und bleiben auch nach sehr langer Abkühlung auf 0° unverändert[4]. Auf dem Londoner Kongreß 1908 ist ein Prozentgehalt des Amalgams von 12—13% festgesetzt worden.

b) Kadmiumsulfat. Auch beim Kadmiumsulfat glaubte Herr Cohen, bei 15° C einen Umwandlungspunkt durch Löslichkeitsmessungen des Kadmiumsulfats festgestellt zu haben[5], wie er in analoger Weise beim Zinksulfat einwandfrei vorhanden ist[6]. Die Messungen sind von ihm noch durch dilatometrische Versuche bestätigt worden. Dieser Umstand würde unter Umständen auch eine Unbrauchbarkeit der Kadmiumelementes als Normal bedingt haben. Indessen wurde durch sehr genaue Messungen der Löslichkeitskurve des Kadmiumsulfats, die in der PTR vorgenommen worden sind[7], die Unhaltbarkeit dieser Behauptung erwiesen. Doch hat Herr Cohen, der sonst zur Kenntnis der Normal-

---

[1] Kerp u. Böttger: Z. anorg. allg. Chem. Bd. 25 (1900) S. 1. — Cohen, E.: Z. physik. Chem. Bd. 34 (1900) S. 621. — Smith, F. E.: Proc. Physic. Soc. Lond. Bd. 22 (1910) S. 11 u. 369. — Philos. Mag. Bd. 20 (1910) S. 206 u. a.

[2] Jaeger, W., u. R. Wachsmuth: Wied. Ann. Bd. 59 (1896) S. 583. — Jaeger, W.: Z. Instrumentenkde Bd. 20 (1900) S. 317.

[3] Cohen, E.: Ann. Physik Bd. 2 (1900) S. 863. — Z. physik. Chem. Bd. 34 (1901) S. 621.

[4] Jaeger, W., u. St. Lindeck: Z. Instrumentenkde Bd. 21 (1901) S. 33. — Ann. Physik Bd. 5 (1901) S. 1. — Z. physik. Chem. Bd. 37 (1901) S. 641.

[5] Kohnstamm, Th., u. E. Cohen: Wied. Ann. Bd. 65 (1898) S. 344.

[6] Vgl. Jaeger, W.: Wied. Ann. Bd. 63 (1897) S. 354.

[7] Steinwehr, H. v.: Ann. Physik Bd. 9 (1902) S. 1064.

elemente manche wertvollen Beiträge geliefert hat, auch später noch öfter Angriffe auf das Weston-Element schriftlich und in Vorträgen[1] unternommen. Dies hat aber nicht verhindert, daß das Weston-Element auch heute noch als zuverlässigstes Spannungsnormal von allen Seiten anerkannt und benutzt wird. Da die Konzentration der Kadmiumsulfatlösung sich nur wenig mit der Temperatur ändert, so stellt sich auch die EMK sehr rasch ein im Gegensatz zu dem Verhalten des Clark-Elementes.

c) **Merkurosulfat** (Hg_2SO_4). Anfänglich bereitete das Merkurosulfat, ein in kaltem Wasser sehr schwer lösliches Salz, erhebliche Schwierigkeiten. In der PTR wurde festgestellt, daß die teilweise noch vorkommenden Unterschiede in der EMK der Weston-Elemente auf das von verschiedenen Firmen bezogene Merkurosulfat zurückzuführen war, welches Unterschiede im elektromotorischen Verhalten zeigte[2]. Ferner wurde gefunden, daß die Korngröße des Salzes hierbei eine Rolle spielt[3], so daß bei der Herstellung desselben gewisse Vorsichtsmaßregeln eingehalten werden müssen, um zu vermeiden, daß bei dem Ausfällen des Salzes aus einer Lösung von Merkuronitrat zu kleine Kristalle entstehen. Die Lösung des Merkuronitrates darf nicht zu konzentriert und muß stark angesäuert sein. Nach dem Ausfällen mittels verdünnter Schwefelsäure oder einer Lösung von Natriumsulfat muß das Salz sehr gut ausgewaschen und trocken im Vakuum aufbewahrt werden, damit es sich nicht zu Merkurinitrat oxydiert. Oder es wird zuletzt mit einer gesättigten Lösung von Kadmiumsulfat ausgewaschen und feucht in verschlossenen Flaschen aufbewahrt. Auch die anderen Staatsinstitute haben sich mit dieser Frage beschäftigt und stellen das Merkurosulfat z. T. auf elektrolytischem Wege her. Um für Deutschland die Anwendung eines einwandfreien Salzes zu garantieren, hat die Reichsanstalt mit der Firma de Haën in Seelze b. Hannover ein Abkommen getroffen, nach dem von dieser Firma ein vorschriftsmäßig hergestelltes Präparat, das in der PTR geprüft worden ist, für die Herstellung von Weston-Elementen in versiegelten Flaschen bezogen werden kann[4].

Zur Herstellung des Kadmiumelementes mit gesättigter Lösung wird das Merkurosulfat mit konzentrierter Kadmiumsulfatlösung und festen Kristallen zu einer dünnen Paste verrieben und auf das Quecksilber gebracht (siehe Abb. 17). Die in die Schenkel des Elementes eingeschmolzenen Platindrähte müssen noch elektrolytisch oder mittels Natriumamalgam amalgamiert werden, um einen guten Kontakt zu geben.

Der innere Widerstand der Elemente, der anfänglich etwa 100 Ohm beträgt, erhöht sich im Laufe der Zeit dadurch, daß die Kristalle infolge der Temperaturänderungen zusammenbacken.

d) **Temperaturkoeffizient und EMK.** Die Temperaturänderung des Weston-Elementes mit gesättigter Lösung wurde 1894 in der PTR

[1] Vgl. darüber Schulze, A.: Z. physik. Chem. Bd. 105 (1923) S. 177.
[2] Jaeger, W., u. St. Lindeck: Z. Instrumentenkde. Bd. 21 (1901) S. 76.
[3] Steinwehr, H. v.: Z. Instrumentenkde. Bd. 25 (1905) S. 205.
[4] Warburg, E.: Z. Instrumentenkde. Bd. 34 (1914) S. 183.

zwischen 0° und 26° bestimmt[1], wobei folgende quadratische Formel abgeleitet wurde.

$$E_t = E_{20} - 3{,}8 \cdot 10^{-5} (t - 20°) - 0{,}065 \cdot 10^{-5} (t - 20°)^2.$$

Hierbei ist E_t die EMK bei $t°$ und E_{20} diejenige bei 20° C. Diese Formel ist auch bei späteren Messungen oft bestätigt worden; doch wurde sie in London 1908 — man kann wohl sagen unnötigerweise — durch eine Formel dritten Grades, die im BSt ermittelt worden war[2], ersetzt. Diese dann international angenommene Formel lautet:

$$E_t = E_{20} - 4{,}06 \cdot 10^{-5} (t - 20°) - 0{,}095 \cdot 10^{-5} (t - 20°)^2 + 0{,}01 \cdot 10^{-5} (t - 20°)^3.$$

Die Werte dieser Formel innerhalb des gebräuchlichen Temperaturbereiches sind fast identisch mit denjenigen, die sich aus der 15 Jahre früher aufgestellten Formel der Reichsanstalt ergeben.

Die EMK des Weston-Elementes bei 20° C wurde damals[3] durch Vergleichung desselben mit dem Clark-Element bestimmt. Es ergab sich für das Verhältnis der Spannungen:

$$\frac{\text{Clark } 15°}{\text{Weston } 20°} = 1{,}4063,$$

und zwar für das Clark-Element ohne Tonzelle[4], für deren EMK damals der Wert 1,433 int. Volt bei 15° C benutzt wurde. Daraus ergibt sich für die EMK des Weston-Elementes bei 20° C 1,019 int. Volt. Später ist in der PTR[5] für das Clark-Element bei 0° C mittels der Helmholtzschen Elektrodynamometers eine EMK von 1,4488 Volt gemessen worden (diese Volt sind keine internationale Einheit).

Ferner wurde das Verhältnis (l. c. Anm. S. 53)

$$\frac{\text{Clark } 0°}{\text{Weston } 20°} = 1{,}4226$$

gemessen, woraus sich dann die EMK des Weston-Elementes bei 20° C zu 1,0184 ergibt, die bereits auf 0,1 Promille mit dem heute gültigen Wert übereinstimmt. Das Weston-Element mit verdünnter Lösung (siehe S. 53) ist um 0,4 Promille höher.

e) Polarisation. Auch die Elemente mit gesättigter Lösung polarisieren sich bei Stromdurchgang trotz des Depolarisators (Merkurosulfat) bis zu einem gewissen Grade infolge Konzentrationsänderung des Elektrolyts. Bei längerer Dauer des Stroms nähert sich die Polarisation einer bestimmten Grenze. Sie ist abhängig von der Stromstärke, der Größe der Elektrodenoberfläche usw.[6]. Man muß daher bei der Messung mit dem Kompensator usw. darauf achten, daß kein erheblicher Strom bei

---

[1] Jaeger, W., u. R. Wachsmuth: Wied. Ann. Bd. 59 (1896) S. 581.
[2] Wolff, F.: Bull. B.St. Washington Bd. 5 (1908) S. 309.
[3] Siehe Anm. 1.
[4] Die Clark-Elemente mit Tonzelle (Feussnersche Form) hatten eine um etwa $^1/_2$ tausendstel Volt größere EMK. Für sie war silbervoltametrisch 1,4336 int. Volt bei 15° C gefunden; dieser Wert wurde auf den Prüfungsscheinen zu 1,434 abgerundet.
[5] Kahle, K.: Wied. Ann. 59 (1896) S. 573.
[6] Jaeger, W.: Ann. Physik Bd. 14 (1904) S. 726.

der Abgleichung durch das Normalelement fließt, da hierdurch merkliche Fehler entstehen können. Es ist deshalb zweckmäßig, mit einem Hilfselement vorher eine ungefähre Abgleichung der Stromstärke herzustellen. Wenn das Element polarisiert worden ist, dauert es einige Zeit, bis es wieder den normalen Wert erhält.

Für sehr genaue Messungen müssen die Normalelemente in ein Petroleumbad eingestellt werden, und es muß durch Rühren desselben Sorge getragen werden, daß beide Elektroden genau die gleiche Temperatur besitzen, weil anderenfalls die EMK von dem normalen Wert abweicht.

C. Zusammenfassung.

Aus den obigen Ausführungen über Normalelemente und Manganinnormale ist ersichtlich, daß auch nach den so wertvollen Entdeckungen von Weston auf beiden Gebieten noch viel Arbeit und Untersuchungen nötig gewesen sind, ehe diese beiden wichtigen Gebrauchsnormale auf den heutigen Stand der Vollkommenheit gebracht werden konnten. Dies war fast ausschließlich das Werk der Reichsanstalt.

Außerdem geht auch aus den obigen Angaben hervor, daß beim Gebrauch der Normale gewisse Vorsichtsmaßregeln zu beachten sind, wenn Fehler bei der Messung vermieden werden sollen. Bei Berücksichtigung aller Umstände läßt sich dann aber eine Meßgenauigkeit von Bruchteilen eines Zehntel Promille erreichen; bis zu diesem Betrage sind die Messungen dann auf die internationalen Einheiten zurückgeführt. Über den Anschluß der beiden Gebrauchsnormale an die gesetzlichen, empirisch definierten Grundeinheiten des Ohm und Ampere soll im folgenden näheres mitgeteilt werden, nachdem über die Herstellung der Grundeinheiten selbst die notwendigen Angaben gemacht worden sind.

XI. Herstellung der elektrischen Grundeinheiten und abgeleitete Einheiten.

Die empirischen Definitionen des int. Ohm und Ampere, die dem Sinn nach lauten:
1 int. Ohm = 1,063 SE — 1 int. Coulomb = 1,118 mg Silberniederschlag,
sehen recht harmlos aus, und man vermutet kaum, welche Mühe und Arbeit es macht, und welcher Zeitaufwand erforderlich ist, diese Einheiten, wie es angestrebt wird, bis auf $^1/_{100}$ Promille zu realisieren.

Deshalb sollen wenigstens die Hauptgesichtspunkte, auf die es hierbei ankommt, näher erläutert werden, da doch auf diesen Grundeinheiten in letzter Linie alle elektrischen Messungen basieren. Man kann dann ein ungefähres Urteil darüber gewinnen, inwieweit die Grundeinheiten sichergestellt sind.

Auch auf diesem Gebiet sind die notwendigen Arbeiten zunächst in der PTR ausgeführt worden, lange ehe die anderen Staatsinstitute gegründet worden sind.

A. Internationales Ohm.

1. Herstellung der Quecksilbereinheit.

Anfang 1890 wurde in der Reichsanstalt mit der Herstellung von zunächst zwei Quecksilbernormalen begonnen[1]. Bis zur Fertigstellung der int. Einheit wurden der amtlichen Beglaubigung eingesandter Widerstände in der Technischen Abteilung die Drahtkopien dreier daselbst hergestellter vorläufiger Quecksilbernormale[2] zugrunde gelegt. Die spätere direkte Vergleichung dieser provisorischen Einheit mit der definitiven bei 0° mittels derselben Endgefäße ergab eine Übereinstimmung beider Einheiten auf etwa $^1/_{10}$ Promille.

Bei der Definition wird für die Quecksilberrohre ein vollkommen zylindrischer Querschnitt vorausgesetzt (siehe S. 46, „bei durchweg gleichem ... Querschnitt"). Da aber absolut zylindrische Rohre nicht herzustellen sind, so muß man durch Kalibrieren der Rohre den sog. „Kaliberfaktor K" bestimmen, der nahe gleich 1 ist und durch den man den Widerstand auf ein völlig zylindrisches Rohr reduzieren kann (siehe S. 60).

Aus einer größeren Sendung von Rohren aus Jenaer Glas 16^{III} von Schott & Gen. in Jena, die ein ungefähres Lumen von 1 qmm und einen äußeren Durchmesser von etwa 6 mm hatten, wurden durch vorläufige Kalibrierung diejenigen ausgesucht, welche möglichst zylindrisch waren und deren Querschnitt nahe 1 qmm betrug. Zum Zweck der Kalibrierung wurden die ausgesuchten Rohre mit einer Teilung versehen und zur Beseitigung etwaiger Spannungen im Glas, die vom Ziehen der Rohre herrühren, in einem zugemauerten Ofen der Porzellanmanufaktur in Charlottenburg bis nahe zum Erweichungspunkt des Glases erhitzt, worauf sie dann im Ofen verblieben, bis dieser vollständig abgekühlt war. Man hoffte, auf diese Weise späteren Formänderungen der Rohre vorbeugen zu können; doch hat sich nach kürzlich vorgenommenen Messungen diese Erwartung nicht erfüllt.

Der Widerstand R der in einem Glasrohr befindlichen Quecksilbersäule bei 0° C in int. Ohm ist nach der gesetzlichen Definition, abgesehen von dem „Ausbreitungswiderstand" in den Endgefäßen (siehe später) zu berechnen nach der Formel:

$$R = \frac{14{,}4521}{(1{,}063)^2} K \frac{L^2}{M} = 12{,}7898_2\, K \frac{L^2}{M} \text{ int. Ohm},$$

worin K den Kaliberfaktor, L die Länge des Rohres in Meter, M die Masse des das Rohr bei 0° C füllenden Quecksilbers in Gramm bedeutet. Der Zahlenfaktor des zweiten Ausdruckes stellt diejenige Quecksilbermasse dar, welche ein zylindrisches Rohr von 1 m Länge und 1 int. Ohm Widerstand bei 0° C füllen würde und ist rechnerisch identisch mit der gesetzlichen Definition. Im Zähler tritt das Quadrat der Länge deshalb auf, weil im Nenner statt des Querschnittes die dem Volumen proportio-

---

[1] Vgl. Jaeger, W.: Wiss. Abh. d. PTR Bd. 2 (1895) S. 379. (Bis Oktober 1892 wurden die Messungen von D. Kreichganer u. W. J. ausgeführt; dann von letzterem allein.)

[2] Lindeck, St.: Z. Instrumentenkde Bd. 11 (1892) S. 173.

nale Masse steht und der Widerstand proportional der Länge und umgekehrt proportional dem Querschnitt ist. Der bei der Längenmessung begangene Fehler geht also doppelt in das Resultat ein.

Die sog. „Geometrische Auswertung" des Rohres besteht also a) in der Bestimmung des Kaliberfaktors, b) in der Längenmessung des Rohres bei 0° C, c) in der Ermittlung der Quecksilbermasse, die das Rohr bei 0° C füllt. Alle diese Größen sollen bis auf 0,01 Promille genau gemessen werden.

a) Kaliberfaktor. Ist L die Länge des Rohres und q der Querschnitt für die kleine Länge dl des Rohres, so ist der mittlere Querschnitt desselben $Q = \frac{1}{L}\int\limits_0^L q \cdot dl$. Der aus dem mittleren Querschnitt berechnete Widerstand des Rohres ist proportional $\frac{L}{Q}$, der wirkliche Widerstand proportional $\int\limits_0^L \frac{dl}{q}$. Der Kaliberfaktor K ist das Verhältnis beider Ausdrücke. Setzt man $\frac{q}{Q} = s$, so ist s der relative Querschnitt, der wenig von 1 verschieden ist und $s = 1 + \delta$ gesetzt werden kann. Dann ist $\frac{1}{L}\int\limits_0^L s\,dl = 1$ und $\int\limits_0^L \delta \cdot dl = 0$. Daher wird der Kaliberfaktor:

$$K = \frac{1}{L}\int\limits_0^L \frac{dl}{s} \quad \text{oder angenähert} = 1 + \frac{1}{L}\int\limits_0^L \delta^2 \cdot dl\,.$$

Der relative Querschnitt bzw. δ ergibt sich in einfacher Weise aus der Kaliberkurve, die man erhält, indem man das Rohr mit kurzen Quecksilberfäden (etwa 2 cm lang) kalibriert, worauf nicht näher eingegangen werden kann. Man erhält dann s von 2 zu 2 cm und berechnet das Integral als eine Summe. Der Kaliberfaktor kann erst berechnet werden, wenn das Rohr auf die richtige Länge abgeschnitten ist und die Endflächen geschliffen sind, da K für die zwischen den Endflächen liegende Länge gilt.

Die Endflächen des Rohres werden möglichst senkrecht zur Rohrachse geschliffen, wobei darauf zu achten ist, daß aus der Kapillare keine Splitter ausspringen. Beim Schleifen werden eine größere Anzahl Rohre zu einem Bündel vereinigt, um eine möglichst plane Fläche zu erzielen.

b) Längenmessung bei 0° C. Zum Zweck der Längenmessung müssen die Rohre möglichst gerade gestreckt werden, da es auf die wirkliche Länge der Kapillare ankommt. Bei der Messung werden die Rohre in ein Wasserbad gebracht, das durch zirkulierendes Eiswasser in der Nähe von 0° gehalten wird; die äußeren Enden ragen dabei aus dem Bade heraus. Die Länge wird an mehreren symmetrisch zur Rohrachse gelegenen Stellen der Endfläche mittels Kontaktkugeln dadurch ermittelt, daß sie auf einem Komparator, wie er zur Vergleichung von Maßstäben gebraucht wird, mit einem Maßstab gemessen wird, dessen Korrektionen in bezug auf das Urmeter bekannt sind. Die Längenmessung muß auf etwa 0,01 mm genau ausgeführt werden. Da bei der Messung sich das Rohr nicht genau auf 0° befindet, so ist noch eine kleine Korrektion erforderlich, die mittels des ebenfalls gemessenen Ausdehnungskoeffizienten des Jenaer Glases von 8 μ für den Grad ausgeführt wird.

c) Auswägung bei 0° C. Die Auswägung des Rohres mit Quecksilber muß ebenfalls bei 0° mit einer Genauigkeit von $^1/_{100}$ Promille (10^{-5}) vorgenommen werden. Bei einer Quecksilbermasse von durchschnittlich 10 g (die Rohre von 1 Ohm hatten eine Länge von 0,8 m und eine Quecksilberfüllung von 8 g) muß also die Bestimmung der Quecksilbermasse bis auf 0,01 mg genau sein, was sich bei Berücksichtigung aller Vorsichtsmaßregeln und notwendigen Reduktionen mit einer guten Waage leicht ausführen läßt. Schwieriger ist es, die Füllung des Rohres selbst mit dieser Genauigkeit durchzuführen; denn 0,01 mg Quecksilber entsprechen einem Volumen von rund 0,00074 cmm, d. h. einem Quecksilbertropfen von 0,1 mm Durchmesser. Bei der Abgrenzung des Quecksilbers im Rohre, sowie beim Ausleeren desselben zum Zweck der Wägung können aber leicht kleine Tropfen von dieser Größe zurückbleiben. Auch ist es absolut erforderlich, zur Füllung des Rohres luftfreies Quecksilber zu verwenden und die Füllung selbst im Vakuum vorzunehmen, weil anderenfalls noch eine Lufthaut und eventuell auch Feuchtigkeit an der Wandung des Rohres festsitzt, so daß dann das Quecksilber nicht das ganze Rohrvolumen einnimmt.

Daß die Rohre stets sehr sorgfältig gereinigt und getrocknet werden müssen, ist selbstverständlich. Um das Rohr mit Quecksilber zu füllen, wird dieses im Vakuum angesaugt. Auf die Einzelheiten soll hier nicht eingegangen werden. Das senkrecht stehende Rohr ist am unteren Ende mit einer ebenen Glasplatte verschlossen; am oberen Ende wird das Quecksilber, nachdem es auf 0° abgekühlt worden ist, mit einer Glasplatte abgestrichen, wobei auch gewisse Vorsichtsmaßregeln zu beachten sind, weil leicht zuviel Quecksilber in das Rohr hineingedrückt werden kann. Die zur Wägung bestimmten Gewichte sind natürlich an das Kilogrammprototyp angeschlossen. Die Auswägung wird fünf- bis zehnmal wiederholt, um eine größere Genauigkeit zu erzielen. Die Abweichungen der einzelnen Wägung von dem Gesamtmittel übersteigt selten wesentlich $^1/_{100}$ Promille.

d) Endgefäße. Ausbreitungswiderstand. Der aus dem Kaliberfaktor, der Länge des Rohres und der Quecksilberfüllung nach Gleichung S. 59 berechnete Widerstandswert des Rohres stellt den zwischen den Endflächen desselben vorhandenen Widerstand bei 0° dar. Zum Zweck der elektrischen Messung müssen aber die Rohre noch mit Endgefäßen versehen sein, die mit Quecksilber gefüllt sind, und durch welche der Strom zugeführt wird. Diese kugelförmigen Endgefäße (siehe Abb. 18), in welche die Platindrähte für den Strom, die Spannung und eventuell für einen Nebenschluß eingeschmolzen waren, hatten einen Durchmesser von 3 cm. Der Strom tritt bei *s* ein und breitet sich von den Endflächen der Kapillare in der Kugel aus; die Spannung wird in der Mitte des Gefäßes, wo die Potentialfläche senkrecht zur Rohrachse steht, abgenommen. Deshalb ist dem Widerstande des Rohres selbst noch der „Ausbreitungswiderstand" hinzuzufügen, der sich aber rechnerisch nicht ermitteln läßt. Für eine Ausbreitung des Stromes, der von einer Kreisfläche ausgeht, in den unendlichen Raum (also nicht in eine Kugel) hat Maxwell[1] mittels theoretischer Betrachtungen den Ausbreitungsfaktor (siehe unten) zwischen zwei Grenzen (0,785 bis 0,849) eingeschlossen. Der Ausbreitungswiderstand ist umgekehrt proportional dem Radius des Endquerschnittes, der sich aus der Kaliberkurve ergibt. Bezeichnen r_1 und r_2 die beiden Endradien des Rohres, so ist der Ausbreitungswiderstand A zu berechnen nach der Formel:

$$A = \frac{a \cdot 10^{-3}}{\pi}\left(\frac{1}{r_1} - \frac{1}{r_2}\right) = \frac{a \cdot 10^{-3}}{Q}\left(r_1 + r_2\right) \text{ SE},$$

worin Q den mittleren Querschnitt und a den sog. „Ausbreitungsfaktor" bezeichnet, der von der PTR auf Grund verschiedener Messungen zu 0,80 angenommen wurde[2]. Dieser Wert ist auch später in London akzeptiert worden. Da der Ausbreitungswiderstand etwa 1 Promille des Rohrwiderstandes beträgt, so braucht der Faktor nur auf etwa 1% bekannt zu sein.

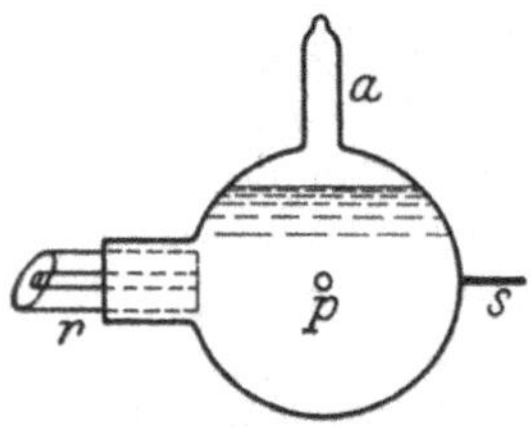

Abb. 18. Endgefäß für die Normalrohre.

Auf dem Londoner Kongreß wurde bestimmt, daß der Durchmesser der Endgefäße 4 cm betragen solle, weil bei dem seither in Deutschland benutzten Durchmesser von 3 cm nicht mit genügender Sicherheit der Forderung genügt sei, daß der Ausbreitungswiderstand demjenigen für den unendlichen Raum entspricht. Dabei lagen aber keinerlei Untersuchungen vor, weder darüber, bei welchem Durchmesser diese Forderung hinreichend erfüllt ist, noch darüber, ob zwischen dem Ausbreitungswiderstand in Gefäßen von 3 cm und solchen von 4 cm Durchmesser überhaupt ein Unterschied besteht. Durch die auf den Antrag der englischen Vertreter angenommene Festsetzung waren aber natürlich alle bisher in Deutschland ausgeführten Messungen zur Herstellung des int. Ohm hinfällig gemacht, solange nicht durch besondere Untersuchungen die Größe eines etwa vorhandenen Unterschieds festgestellt war. Es wäre nun eigentlich Pflicht der englischen Physiker gewesen, solche Messungen auszuführen; aber diese Messungen sind erst viel später, und zwar in der PTR, angestellt worden und erwiesen die völlige Haltlosigkeit der englischen Behauptung[3].

Bei der Kleinheit des Ausbreitungswiderstandes war es nicht zweckmäßig, diese Messungen mit den Ohmrohren selbst vorzunehmen. Es wurde nur ein kurzes Rohr von größerem Durchmesser verwandt, das

---

[1] Maxwell, Cl.: El. u. Magn. Art. 308. — Lord Rayleigh: London Math. Soc. Proceed. Bd. 8, 1875/76, S. 74 (<0,824).

[2] Shrader, W.: Wied. Ann. Bd. 44 (1891) S. 222. — Siehe auch die Bestimmungen von Benoît und von F. Kohlrausch: Dorn. Wiss. Abh. d. PTR Bd. 2, S. 263; Shrader fand für Ausbreitung in den unendl. Raum 0,8045.

[3] Steinwehr, H. v., u. A. Schulze: Wiss. Abh. d. PTR Bd. 11 (1927) S. 75.

an den Enden zu einer kapillaren Öffnung von etwa 1 qmm Querschnitt auslief und einen Widerstand von etwa 0,01 Ohm besaß, so daß der Ausbreitungswiderstand 10% davon betrug. Die Messung des im Vakuum mit Quecksilber gefüllten Rohres wurde bei Zimmertemperatur ausgeführt. Als Mittel aus mehreren Füllungen wurde zwischen den beiden Endgefäßen ein Unterschied von $^{0,8}/_{100}$ Promille gefunden, d. h. ein Betrag, der völlig innerhalb der möglichen Beobachtungsfehler fällt. Es war also in keiner Weise gerechtfertigt, in London diese Änderung vorzunehmen. Sie hat außerdem noch den praktischen Nachteil, daß die mit dem Quecksilber gefüllten größeren Endgefäße mehr als das doppelte Gewicht besitzen (etwa 1 kg), als die kleineren, so daß die Normalrohre beim Hantieren mit denselben viel stärker gefährdet sind als bei den früher benutzten Endgefäßen. Nach diesem Meßergebnis ist man wohl berechtigt, trotz der Londoner Beschlüsse die Gefäße von 3 cm Durchmesser auch weiterhin zu benutzen; auch sind die früheren Messungen der Physikalisch-Technischen Reichsanstalt nicht unrichtig und brauchen nicht korrigiert zu werden.

2. Neue Quecksilbernormale verschiedener Zeiten.

Die beiden zuerst hergestellten Ohmnormale Nr. XI und XIV waren Anfang 1892 fertig zum Gebrauch, und es konnten dann die Gebrauchsnormale (Quecksilberkopien, Manganinnormale) an sie angeschlossen werden, worüber später noch im Zusammenhang berichtet werden soll. Bis 1894 war den Messungen noch das legale Ohm zugrunde gelegt worden (siehe S. 30).

Nach dem oben beschriebenen Verfahren wurden später (Anfang 1893) noch drei neue Rohre (Nr. 106, 114, 131) ausgewertet[1], um durch eine größere Anzahl von Normalrohren die Widerstandseinheit sicherer zu stellen. Die Rohre waren aus einer neuen, größeren Sendung durch vorläufige Kalibrierung ausgesucht worden; die Herstellungsweise war genau die gleiche, wie bei den früheren Rohren. Doch ist zu bemerken, daß nur eines derselben (114) einen Widerstand von 1 Ohm hatte, während derjenige des Rohres Nr. 106 nur 0,5 Ohm, Nr. 131 dagegen 2 Ohm betrug. Diese Maßnahme wurde getroffen, um festzustellen, ob etwa systematische Fehler von Einfluß sein könnten, die bei einer Variation des Querschnittes der Rohre in Erscheinung treten. Doch war irgendein Einfluß dieser Art nicht zu bemerken.

Durch die Beschlüsse in London, nach denen als Widerstandseinheit eines Landes der Mittelwert aus zehn Rohren zu gelten hat, war die Reichsanstalt später genötigt, außer den bereits vorhandenen fünf Quecksilbernormalen noch weitere fünf herzustellen. Durch den Krieg und andere Umstände wurde die endgültige Fertigstellung dieser neuen

[1] Jaeger, W., u. K. Kahle: Wiss. Abh. d. PTR Bd. 3 (1900) S. 95. (Die Kalibrierung hatte R. Wachsmuth ausgeführt.) Weiteres darüber Jaeger, W., u. H. Diesselhorst: Wiss. Abh. d. PTR Bd. 4 (1904 u. 1905) S. 115 u. 193. — Ferner Auszüge darüber: Z. Instrumentenkde. Bd. 16 (1896) S. 134 u. Bd. 21 (1901) S. 1; sowie Wied. Ann. Bd. 64 (1898) S. 456. — Jaeger, W., u. H. v. Steinwehr: Z. Instrumentenkde. Bd. 33 (1913) S. 293.

Rohre sehr verzögert[1]. Die geometrische Auswertung derselben war die gleiche wie bei den früheren Normalen. Sie wurden aus einer Sendung von 60 Rohren aus Jenaer Glas 59^{III}, die von Schott & Gen. in Jena bezogen worden waren, ausgesucht.

Über die Übereinstimmung der verschiedenen Rohre wird bei der Mitteilung über den Anschluß der Manganinnormale an die Quecksilbereinheit berichtet werden.

3. Zeitliche Veränderung der Quecksilbernormale.

Zunächst muß nun noch ein wichtiger Punkt Erwähnung finden, den man erst in neuerer Zeit näher untersucht hat. In Übereinstimmung mit Erfahrungen, die im NPL in Teddington gemacht worden sind, wurde festgestellt, daß die älteren Rohre nicht, wie man erwartet hatte, ihren Wert beibehalten haben. Die zum ersten Male vor 40 Jahren (1892) elektrisch ausgemessenen ältesten Rohre Nr. XI und XIV zeigten anfangs eine so gute Übereinstimmung der durch elektrische Messung bestimmten Widerstandsdifferenz mit der aus der geometrischen Auswertung berechneten Differenz, als man überhaupt in Anbetracht der möglichen Fehler erwarten konnte (etwa $^1/_{100}$ Promille). Später aber wuchs die Differenz immer mehr an, zunächst bis 1903 auf etwa $^3/_{100}$ Promille und dann bis 1911 auf etwa $^7/_{100}$ Promille[2]. Auch die im Jahre 1897 fertiggestellten Rohre Nr. 106, 114, 131 zeigten gegen die zuletzt hergestellten Rohre Nr. I, II, III, IV, Vb Unterschiede, welche die möglichen Beobachtungsfehler überstiegen. Daher wurde für die fünf älteren Rohre nochmals die Länge und die Quecksilberfüllung bestimmt. Dabei ergab sich, daß sich die Längen nur wenig geändert hatten, dagegen die Masse der Quecksilberfüllung, besonders bei den beiden ältesten Rohren, eine wesentlich andere war als bei den ursprünglichen Messungen. Sie hatte bei Nr. XI um $^{15}/_{100}$ Promille, bei Nr. XIV um $^{11}/_{100}$ Promille abgenommen, bei den drei Rohren von 1897 dagegen nur um $^4/_{100}$ Promille. Das bedeutet eine Zunahme des Widerstandes der Rohre um ungefähr denselben Betrag. Durch diese neue Ausmessung war die zwischen den ältesten Rohren allmählich aufgetretene Differenz von $^7/_{100}$ Promille völlig verschwunden; doch weichen diese Rohre noch um $^4/_{100}$ Promille von den übrigen ab, während alle anderen Rohre innerhalb der Fehlergrenzen jetzt übereinstimmende Werte ergeben. Vielleicht hat sich bei den ältesten Rohren auch der Kaliberfaktor etwas geändert, was jetzt nicht mehr mit Sicherheit festzustellen ist.

Die obigen Ausführungen zeigen, daß man sich nicht auf die Unveränderlichkeit der Ohmrohre verlassen kann, sondern daß man sie von Zeit zu Zeit neu auswerten muß, wenn die Widerstandsbasis genügend sichergestellt sein soll. Hiermit ist aber eine sehr erhebliche Arbeit von langer Dauer verbunden. Diese Tatsache ist sehr unerfreulich und beeinträchtigt sehr den Wert der empirischen Widerstands-

---

[1] Steinwehr, H. v., u. A. Schulze: Wiss. Abh. d. PTR. Bd. 11 (1927) S. 75. u. Ann. Physik Bd. 87 (1928) S. 769.

[2] Vgl. Jaeger, W., u. H. v. Steinwehr: Z. Instrumentenkde. Bd. 33 (1913) S. 296.

einheit. Da andererseits die absolute Messung des Widerstandes nach verschiedenen Methoden jetzt so weit gediehen ist, daß sie eine Übereinstimmung von nahe $^1/_{100}$ Promille liefert, so wird man wohl dazu übergehen, die absolute Messung des Widerstandes an die Stelle der empirischen Definition treten zu lassen, da hierdurch viel Mühe und Zeit gespart und die Grundlage der Widerstandseinheit sicherer gestaltet wird.

4. Quecksilbernormale anderer Länder.

In anderen Ländern sind erst viel später als in Deutschland Quecksilbernormale hergestellt worden. England besitzt eine darauf begründete Widerstandseinheit seit etwa 1905, Amerika erst seit etwa 1916[1]. Japan erhielt seine Quecksilberrohre von England, verlor sie aber beim letzten Erdbeben; andere Länder kommen nicht in Betracht. Eine richtige Vergleichung der Widerstandseinheiten von Deutschland, England und Amerika ist bis jetzt nicht vorgenommen worden. Bei der Vergleichung in Washington 1910 hatte Amerika noch keine Quecksilbernormale. Zwar sind Angaben über das Verhältnis der verschiedenen Widerstandseinheiten, z. B. vom B. St. veröffentlicht worden. Diese können aber nicht als maßgebend betrachtet werden, da die Messungen ganz einseitig ohne Mitwirkung der anderen Länder ausgeführt worden sind. Solche vergleichende Messungen können nur dann Wert besitzen, wenn große Vorbereitungen der beteiligten Länder vorausgegangen sind. Einen indirekten Anhalt für die Übereinstimmung der verschiedenen Einheiten hat man nur durch gelegentliche Vergleichung von Manganinnormalen, welche in den einzelnen Ländern zirkulieren und dort gemessen werden. Da aber diese Normale den Weg um die ganze Erde machen müssen, erfordert dies sehr lange Zeit, so daß sich inzwischen die Normale auch geändert haben können. Die Aufrechterhaltung der internationalen Übereinstimmung ist daher nicht so leicht zu erreichen.

5. Anschluß der Manganinnormale an die Quecksilbereinheit.

Um den Anschluß der Gebrauchsnormale, besonders der Manganinwiderstände, an die Quecksilbereinheit auszuführen, müssen die Rohre auf eine Temperatur von 0° gebracht werden. Die elektrischen Vergleichungen selbst lassen sich auf etwa 1 Millionstel ausführen. Wegen der starken Widerstandsänderung des Quecksilbers mit der Temperatur, die etwa + 0,9 Promille für den Grad beträgt[2], muß die Temperatur von 0° sehr genau eingehalten werden; denn $^1/_{100}$° Abweichung bewirkt bereits

[1] Für England vgl. Smith, F. E.: Philos. Trans. Roy. Soc., Lond. Bd. 104 (1905) S. 57. — Coll. Res. NPL, Teddington Bd. 1 (1906) S. 149 u. Bd. 5 (1909) S. 149; für Amerika: Wolff, F. A., A. M. P. Shoemaker, C. A. Briggs: Bull. B. St., Washington Bd. 12 (1916) S. 375.

[2] Über sehr genaue Messungen der Widerstandsänderung des Quecksilbers mit der Temperatur, die in der PTR und im Bur. int. des Poids et Mesures (Guillaume) ausgeführt worden sind, vgl. Jaeger, W., u. H. v. Steinwehr: Ann. Physik Bd. 45 (1914) 1098. Es sind sehr viele falsche Angaben über diese Größe in der Literatur vorhanden, die zum Teil auch auf eine unsichere Temperaturskala zurückzuführen sind.

einen Fehler von $^1/_{100}$ Promille in der Widerstandsmessung. Die mit den Endgefäßen versehenen Rohre werden daher in ein Petroleumbad gelegt (in der PTR), das gerührt werden kann und in einem größeren Holzkasten völlig von Eis umgeben ist. In neuerer Zeit ist diese Einrichtung noch weiter verbessert worden[1], so daß die Nulltemperatur jetzt noch besser als bei den früheren Messungen garantiert ist. Vor der Füllung der Rohre müssen sie sehr gut gereinigt und getrocknet werden. Das Einfüllen des Quecksilbers erfolgt im Vakuum, da sonst durch die an der Glaswand haftende Luftschicht Fehler entstehen; denn eine Änderung des Rohrdurchmessers von nur 1 μ bringt bereits einen Fehler von 1 Promille mit sich.

Ferner ist die Stromwärme zu beachten, die quadratisch mit dem Meßstrom anwächst. Bei den Rohren der PTR wurde bei einem Meßstrom von 0,15 A eine Erwärmung des Quecksilbers von 0,03° gemessen. Die tatsächlich benutzte Meßstromstärke von 0,01 A bewirkt dann nur eine Erwärmung von etwa $^1/_{1000}$°.

Meist wurden die Rohre auf diese Weise fünfmal gemessen; das Mittel dieser Messungen wird dann als Wert des Rohres angesehen und das Gesamtmittel aus allen Rohren als Wert der Widerstandseinheit. Hierzu sind bei zehn Rohren mindestens 50 verschiedene Füllungen notwendig, falls keine derselben mißglückt. Die Feststellung der Widerstandseinheit stellt somit eine ganz bedeutende Arbeit dar.

6. Manganinnormale.

Die Vergleichung dieser Quecksilbereinheit mit den Manganinnormalen geschieht nun in folgender Weise. Seit Anfang der Messungen (Ende 1892) wird das Mittel von vier bestimmten Manganinnormalen (Nr. 148, 149, 150, 151) im Betrage von je 1 Ohm als Gebrauchsnormal der Widerstandseinheit in der PTR benutzt, auf das alle anderen Widerstände zurückgeführt werden und das in der Zwischenzeit zwischen den Vergleichungen mit der Quecksilbereinheit die Widerstandseinheit der PTR repräsentiert. Von diesen Manganinwiderständen muß man daher verlangen, daß sie zeitlich sehr konstant sind. Ob aber die Konstanz derselben ausreichend groß ist, kann erst eine mehrjährige Erfahrung zeigen, die sich nunmehr auf vierzig Jahre erstreckt.

Der Anschluß dieser „Sekundären Widerstandseinheit" an die Quecksilberrohre wird in der Weise vorgenommen, daß jedes Rohr mit allen vier Manganinnormalen verglichen wird. Hierzu bedient man sich in der PTR entweder der Kohlrauschschen Methode des übergreifenden Nebenschlusses in der von der Reichsanstalt ausgebildeten Form[2] oder auch der Thomsonbrücke[3]. Die Werte der Manganinwiderstände werden dabei mittels der genau ermittelten Temperaturkoeffizienten auf 18° C reduziert. Legt man nun für das betreffende Rohr den durch geometrische Auswertung gefundenen Widerstand zugrunde, so erhält man

---

[1] Steinwehr, H. v., u. A. Schulze: Wiss. Abh. d. PTR Bd. 11 (1927) S. 75.

[2] Jaeger, W.: Z. Instrumentenkde. Bd. 24 (1904) S. 288.

[3] Jaeger, W., u. H. Disselhorst: l. c. — Jaeger, W., St. Lindeck, H. Disselhorst: Z. Instrumentenkde. Bd. 23 (1903) S. 33 u. 65. — Vgl. auch Jaeger, W.: El. Meßtechnik. 3. Aufl. Leipzig: A. Barth 1928.

für jede Füllung des Rohres einen bestimmten Mittelwert *M* dieser vier Manganinnormale und aus den verschiedenen Füllungen denjenigen Mittelwert *M*, der dem betreffenden Rohre entspricht. Das aus allen Rohren erhaltene Hauptmittel von *M* stellt dann die sekundäre Widerstandseinheit der Vergleichung dar. Auf diese Weise kann man auch ersehen, wie genau die verschiedenen Füllungen eines Rohres übereinstimmen und inwieweit der berechnete Widerstand des Rohres durch die elektrischen Messungen bestätigt wird. Wenn bei einer neuen Vergleichung der sekundären Widerstandseinheit mit den Normalrohren der Wert von *M* nicht erhebliche Änderung zeigt, wird man ihn nicht abändern, um keine sprungweise Änderung der den Prüfungen zugrunde liegenden Widerstandseinheit zu bewirken.

Dadurch, daß sich nun die Quecksilbernormale im Laufe der Zeit etwas geändert haben, ist eine gewisse Unsicherheit hinsichtlich der Konstanz der sekundären Einheit eingetreten. Immerhin kann man sagen, daß diese Einheit sich im Verlauf von etwa 30 Jahren (1893 bis 1924) um höchstens $^3/_{100}$ Promille geändert hat, also im Laufe eines Jahres durchschnittlich nur um 1 Milliontel des Wertes. Dies Ergebnis bedeutet aber eine ganz hervorragende Konstanz der Manganinnormale. Der Widerstand der einzelnen Normale hat sich z. T. stärker geändert. Näher kann hierauf nicht eingegangen werden[1].

Das Mittel *M* der vier Manganinnormale stellt also die praktisch greifbare Widerstandseinheit der PTR dar, auf die schließlich alle Eichungen zurückgeführt werden. An diese Einheit sind nun noch eine größere Anzahl von Manganinnormalen zu 1 Ohm angeschlossen, die auch sorgfältig aufbewahrt werden und von denen ein Teil zur Prüfung eingesandter Widerstände benutzt wird. Dieser Anschluß erfolgt alljährlich, wodurch man auch zugleich eine Kontrolle für die Konstanz der sekundären Einheit erhält. Ebenso sind auch eine große Anzahl von Manganinnormalen anderer Dekaden (10^{-5} bis 10^5 Ohm) vorhanden, die ebenfalls alljährlich mit der Grundeinheit verglichen werden. Durch die Gesamtheit aller dieser Widerstände erhält man eine größere Sicherheit für die Unveränderlichkeit der Einheit. Dieses ganze System alljährlicher Widerstandsvergleichungen absorbiert eine erhebliche Zeit.

7. Quecksilberkopien.

Bei Beginn der Messungen mit den Quecksilberrohren wurde auch eine größere Anzahl von Quecksilberkopien hergestellt und mit den Rohren verglichen, wobei sie sich gleichfalls auf 0° befanden[2]. Diese Kopien hatten sehr verschiedene Dimensionen und bestanden aus U-förmig oder mehrfach schlangenförmig gebogenen Glaskapillaren mit Endgefäßen, die im Vakuum mit Quecksilber gefüllt waren. Man hoffte,

[1] Vgl. hierzu außer den für die Quecksilbernormale angegebenen Literaturstellen noch Jaeger, W., u. St. Lindeck: Z. Instrumentenkde. Bd. 18 (1898) S. 97 u. Wied. Ann. Bd. 65 (1898) S. 572. — Jaeger, W.: Berl. Ber. 1903, S. 544. — Jaeger, W., u. St. Lindeck: Z. Instrumentenkde. Bd. 26 (1906) S. 15. — Jaeger, W., u. H. v. Steinwehr: Z. Instrumentenkde. Bd. 33 (1913) S. 293.

[2] Kreichganer, D. u. W. Jaeger: Wied. Ann. Bd. 47 (1892) S. 513. — Jaeger, W.: Wiss. Abh. d. PTR Bd. 2 (1895) S. 437.

daß diese stets gefüllt aufbewahrten Kopien eine Art Standard für die Einheit darstellen würden; doch war auch diese Hoffnung trügerisch; sie haben ihren Widerstand z. T. erheblich geändert. Mittlerweile hatte man dann auch durch die Manganinnormale viel konstantere Gebrauchswiderstände zur Verfügung.

Später sind zwei ähnliche Kopien hergestellt worden, bei denen sich aber das Quecksilber in Kapillaren befand, die aus geschmolzenem Quarz bestanden[1]. Über diese Kopien liegen jedoch noch keine längeren Erfahrungen vor. Die in den Jahren 1910 und 1912 angestellten Messungen ergaben nur Unterschiede von einigen Millionteln Ohm. Vielleicht gelingt es auf diesem Wege, einen als Standard benutzbaren, konstanten Widerstand zu erhalten.

B. Stromeinheit. Silbervoltameter.

1. Silbervoltameter.

Die Stromeinheit läßt sich nicht wie diejenige des Widerstandes direkt verkörpern; dies ist nur indirekt möglich mit Hilfe von Normalelementen, deren EMK mittels des Silbervoltameters und eines Normalwiderstandes bestimmt wird. Sind die Manganinwiderstände die „Sekundäre Widerstandseinheit", so stellen die Normalelemente in gewissem Sinn die „Sekundäre Stromeinheit" dar. In welcher Weise die Normalelemente mittels des Silbervoltameters gemessen werden und wie dadurch eine Spannungseinheit, die dann den Prüfungen zugrunde gelegt wird, abzuleiten ist, soll hier kurz erläutert werden.

Das in der PTR benutzte Silbervoltameter, durch welches die Stromeinheit definiert ist (siehe S. 46) besteht aus einem Platintiegel von etwa 100 ccm Inhalt als Kathode, auf der das Silber niedergeschlagen wird; in dem Platintiegel befindet sich die Silbernitratlösung, in welche ein zylindrischer Stab aus reinstem Silber taucht, welcher die Anode bildet.

Für die Messungen mit dem Silbervoltameter sind von dem Bundesrat folgende Ausführungsbestimmungen erlassen worden, die auch später fast ungeändert in London übernommen wurden[2].

„Bedingungen, unter denen bei der Darstellung des Ampere die Abscheidung des Silbers stattzufinden hat:

Die Flüssigkeit soll eine Lösung von 20—40 Gewichtsteilen reinen Silbernitrats in 100 Teilen chlorfreien destillierten Wassers sein; sie darf nur so lange benutzt werden, bis im ganzen 3 g Silber aus 100 ccm der Lösung elektrolytisch ausgeschieden sind.

Die Anode soll, soweit sie in die Flüssigkeit eintaucht, aus reinem Silber bestehen. Die Kathode soll aus Platin bestehen. Übersteigt die auf ihr abgeschiedene Menge Silber 0,1 g auf das Quadratzentimeter, so ist das Silber zu entfernen.

Die Stromdichte soll an der Anode ein Fünftel, an der Kathode ein Fünfzigstel Ampere nicht überschreiten.

Vor der Wägung ist die Kathode zunächst mit chlorfreiem, destilliertem Wasser von 70—90° zu spülen, bis das Waschwasser bei dem Zusatz eines Tropfens Salzsäure keine Trübung zeigt, alsdann 10 Minuten lang mit destilliertem Wasser von 70—90° auszulaugen und schließlich mit destilliertem Wasser zu spülen. Das

---

[1] Jaeger, W., u. H. v. Steinwehr: Z. Instrumentenkde. Bd. 33 (1913) S. 298.

[2] Jaeger, W., u. St. Lindeck: ETZ Bd. 22 (1901) S. 531. — Jaeger, W.: Dtsch. Mech. Ztg. (1909).

letzte Waschwasser darf kalt durch Salzsäure nicht getrübt werden. Die Kathode wird warm getrocknet, bis zur Wägung im Trockengefäß aufbewahrt und nicht früher als 10 Minuten nach der Abkühlung gewogen."

Für alle silbervoltametrischen Messungen ist als Haupterfordernis erkannt worden, daß es vermieden werden muß, organische Substanzen (wie Filtrierpapier usw.) mit der Silbernitratlösung in Berührung zu bringen; der Silberniederschlag fällt sonst erheblich zu hoch aus (bis zu 1 Promille und mehr).

Weitere Hauptfehlerquellen beim Gebrauch des Silbervoltameters sind der beim Auflösen des Silbers sich bildende sog. „Anodenschlamm" der nicht mitgewogen werden darf, und die beim Auswaschen des Silberniederschlages sich ablösenden Silberflitter, die nicht verlorengehen dürfen. Bei ganz reinem Silber entsteht sehr wenig Anodenschlamm; um ihn aufzufangen, hat man früher die Anode mit Filtrierpapier umhüllt (Lord Rayleigh u. a.), was aber, wie oben erwähnt, zu starken Fehlern Veranlassung gibt. In der PTR wird die von Kohlrausch angegebene Methode benutzt, nach der unter der Anode ein Glasschälchen angebracht ist, das mit drei Glasarmen versehen von dem Rand des Tiegels gehalten wird und den Anodenschlamm auffängt. In etwas abgeänderter Form wird diese Anordnung auch in England benutzt. Von Richards wurde zum Auffangen des Schlammes eine Tonzelle benutzt, von welcher die Anode umgeben ist; doch ist diese Methode auch nicht empfehlenswert.

Das auf dem Platin niedergeschlagene Silber muß sehr gut ausgewaschen werden, um alle Nitratlösung zu entfernen. Um hierbei etwa abgelöste Silberflitter aufzufangen, wird sämtliche Lösung und Waschwasser durch einen Gooch-Trichter gesaugt, in dem es durch ein Hartfilter zurückgehalten wird.

Bei den Messungen mit dem Silbervoltameter muß die Zeit des Stromschlusses sowie die in dieser Zeit niedergeschlagene Menge Silber auf $^1/_{100}$ Promille gemessen werden. Außerdem muß die Spannung, welche durch den Strom an den Enden eines bekannten Widerstandes erzeugt wird, mit derjenigen eines Normalelementes während des ganzen Stromverlaufes verglichen werden. Dabei wird entweder der Strom durch einen regulierbaren Vorschaltwiderstand mittels des Normalelementes konstant gehalten oder, was vorzuziehen ist, die Stromstärke i wird als Funktion der Zeit bestimmt und die Elektrizitätsmenge dann als $\int i\,dt$ gemessen. Im letzteren Fall entstehen keine Unstetigkeiten des Stromverlaufes wie beim Einregulieren des Stromes.

Vorteilhaft ist es, die durch den Strom erzeugte Spannung so zu wählen, daß sie nahe derjenigen des Normalelementes gleich ist (also etwa 1,02 Volt). Dann kann man die Vergleichung der nahe gleichgroßen Spannungen mit einem Kompensator von großem Widerstand vornehmen, dessen Stromstärke nicht bekannt zu sein braucht. Reguliert man den Kompensatorstrom so, daß die Spannung des Normalelements z. B. durch 10200 Ohm kompensiert wird (also auf etwa 10^{-5} Amp.), so hat man dann zur Einstellung der Widerstandsspannung nur die letzten Einheiten des Kompensators zu ändern, während der große Widerstand ungeändert bleibt. Auf diese Weise kann man leicht die Vergleichung auf $^1/_{100}$ Promille ausführen. Wählt man den Widerstand, durch den der Strom des Silbervoltameters fließt, etwa zu drei Ohm (drei hintereinander durch Quecksilbernäpfe verbundene Manganinnormale von je 1 Ohm, die sich in einem Petroleumbad befinden), so ist der Strom im Silbervoltameter also auf 0,34 Amp. einzuregulieren.

Diese Regulierung hat eine gewisse Schwierigkeit, da der Strom ja nicht vor Beginn der eigentlichen Messung durch das Silbervoltameter fließen darf, weil sonst schon Silber ausgeschieden wird. Daher muß man zur Einregulierung einen Ersatzwiderstand verwenden, dessen Betrag durch Vorversuche dem Widerstand der Silbervoltameter gleich gemacht wird. Dieser Ersatzwiderstand dient gleichzeitig dazu, die Akkumulatorenbatterie etwa 1—2 Stunden lang mit der obigen Stromstärke vor dem Versuch zu belasten, damit sie nachher konstant ist. Im Beginn der Messung wird dann rasch von dem Ersatzwiderstand auf die Silbervoltameter umgeschaltet, von denen in der Regel 3—5 hintereinander verbunden sind, um dadurch die Meßgenauigkeit zu erhöhen. Läßt man den angegebenen Strom z. B. 2 Stunden durch die Silbervoltameter fließen, so werden in jedem etwa 2,7 g Silber ausgeschieden; die Wägung muß also auf $^3/_{100}$ mg genau ausgeführt werden mit Gewichten, die an das Kilogrammprototyp angeschlossen sind.

Die Zeitmessung andererseits muß auf etwa $^7/_{100}$ Sek. genau vorgenommen werden. Es ist daher nötig, den Anfang und das Ende des Versuches sehr genau zu markieren. Dies wird automatisch durch Kondensatorladung und -entladung bewirkt[1], wodurch scharfe Zacken auf dem Chronographenstreifen entstehen, auf dem gleichzeitig durch eine Normaluhr Sekundenmarken aufgeschrieben werden (siehe l. c.).

2. Normalelemente.

Die aus den verschiedenen Daten berechnete Spannung des bei der Messung verwendeten Normalelementes ist das Resultat eines Versuches; mehrere solcher Versuche liefern einen Mittelwert für das eine Element Indessen wird bei jeder Messung das betreffende Element mit einer größeren Anzahl anderer Elemente verglichen, die mit ihm zusammen in einem Petroleumbad stehen, so daß der Mittelwert aller dieser Elemente als eigentliches Ergebnis der Gesamtmessung anzusehen ist[2].

Doch bilden diese Elemente nur einen Teil von einem Stamm von etwa 100 Weston-Elementen, die in einem Raum von konstanter Temperatur in Petroleumbädern aufbewahrt werden, welche ihrerseits wieder

[1] Vgl. Jaeger, W., u. H. v. Steinwehr: Ann. Physik Bd. 64 (1921) S. 305 und Jaeger, W.: Artikel in Handb. d. Physik (Geiger u. Scheel). Bd. 9 S. 486. Berlin: Julius Springer 1926.

[2] Betr. der silbervoltametr. Messungen vgl. Jaeger, W., u. H. v. Steinwehr: Z. Instrumentenkde. Bd. 28 (1908) S. 327 u. 353; Bd. 35 (1915) S. 225. — ETZ Bd. 35 (1914) S. 819. — Steinwehr, H. v. (mit Feustel): Z. Instrumentenkde. Bd. 33 (1913) S. 321. — Steinwehr, H. v., u. A. Schulze: Z. Instrumentenkde. Bd. 42 (1922) S. 221.

in einem gut gegen Wärmeaustausch isolierten Holzkasten stehen. Diese große Anzahl von Normalelementen wird von Zeit zu Zeit relativ verglichen und ihr Mittelwert wird durch silbervoltametrische Messungen der oben beschriebenen Art bestimmt.

Dieser große Elementenstamm ist die eigentliche greifbare Spannungseinheit der Reichsanstalt, welche den Eichungen eingesandter Elemente zugrunde gelegt wird.

C. Zusammenfassung zu A und B.

Die auf die gesetzlichen Einheiten bezüglichen Messungen sind im vorstehenden etwas eingehender behandelt worden, um zu zeigen, in welcher Weise die gesetzlich definierten Einheiten praktisch verwirklicht werden und wie durch dieselben die „Sekundären Einheiten", nämlich das Mittel der vier Manganinnormale und der Stamm von Normalelementen festgelegt werden, welche jederzeit zur Kontrolle der Prüfungen zugänglich sind. Direkt werden diese sekundären Einheiten nicht zu den Eichungen benutzt, sondern an diese angeschlossene Widerstände und Normalelemente.

Die Kontrolle und Instandhaltung der sekundären Einheiten erfordert eine laufende große Arbeit, ohne die aber die Grundlagen aller elektrischen Messungen unsicher wäre.

D. Abgeleitete Einheiten. Internationales Farad und Henry.

Die abgeleiteten Einheiten der Kapazität und Induktivität werden an die Widerstandseinheit angeschlossen; auch für diese Einheiten werden greifbare Maße hergestellt und aufbewahrt, die den Eichungen zugrunde gelegt werden können.

Das int. Farad ist gleich Sekunde/int. Ohm, das int. Henry gleich int. Ohm × Sekunde, also auch Henry gleich Farad × Ohm². In die Messung der Kapazität geht somit außer dem Widerstand noch eine Zeitmessung ein.

1. Internationales Farad.

a) Bestimmung des Farad. Die von Maxwell angegebene Methode zur Ableitung einer Kapazität aus einem Widerstand und einer Zeitmessung ist in der PTR sehr vervollkommnet worden[1], so daß die Messungen mit einer Genauigkeit von $^1/_{100}$ Promille ausgeführt werden können. Es würde zu weit führen, hier auf alle Einzelheiten, Vorsichtsmaßregeln und notwendigen Korrektionen einzugehen, die erforderlich sind, um eine solche Genauigkeit zu erzielen. Das Prinzip der Messung besteht bekanntlich darin, daß ein Kondensator periodisch geladen und entladen wird. In der Wheatstoneschen Brücke wirkt er dann wie ein Widerstand $R = \frac{\tau}{C}$, wenn τ die Zeitdauer einer Periode und C die Kapazität des Kondensators bedeutet. Von den Widerständen der Brücke muß einer in int. Ohm bekannt sein, von den beiden anderen braucht man nur das Verhältnis zu wissen. Die periodische Ladung und

[1] Giebe, E.: Z. Instrumentenkde. Bd. 29 (1900) S. 269 u. 301.

Entladung des Kondensators erfolgt durch einen rotierenden Unterbrecher, dessen Umdrehungsgeschwindigkeit sehr konstant sein muß; sie wird durch einen Tourenregler besonderer Art (Giebe) reguliert, der die Winkelgeschwindigkeit auf $^1/_{100}$ Promille konstant hält. Die Messung der Umdrehungsgeschwindigkeit erfolgt durch einen Chronographen; hieraus ist die Zeitdauer τ zu berechnen. Für die genauere Berechnung kommt noch in Betracht, daß der Kondensator nicht direkt, sondern über Widerstände aufgeladen wird (Brücken-, Galvanometerwiderstand). Infolgedessen tritt noch ein Korrektionsfaktor auf, der zu berechnen ist. Von der so ermittelten Kapazität, die bei nicht zu kleinen Werten auf $^1/_{100}$ Promille gemessen werden kann, ist noch die „Schaltungskapazität" der Meßanordnung in Abzug zu bringen.

Abb. 19. Joseph Henry, geb. 17. 12. 1799, gest. 13. 5. 1878.

b) Luftkondensatoren. Die Kapazitätsnormale, welche nach der angegebenen Methode an die Widerstandseinheit angeschlossen werden, bestehen aus Luftkondensatoren mit nur ganz geringem Verlustwinkel, der durch die Verbindungsstücke und Träger des Kondensators bewirkt wird. In der PTR sind als Normale der Kapazität hauptsächlich Plattenkondensatoren hergestellt worden[1]. Diese Normale haben wegen der kleinen Dielektrizitätskonstante der Luft eine verhältnismäßig geringe Kapazität. Sie besitzen eine metallische Hülle, damit die Kapazität eindeutig definiert ist. Ihre Konstruktion ist derart, daß mehrere derselben bequem zusammengesetzt werden können, so daß man auf diese Weise immerhin nahe an ein Mikrofarad herankommen kann. An diese Normalkondensatoren werden dann die anderen Kondensatoren (Glimmerkondensatoren usw.) angeschlossen, die auch zur Eichung eingesandter Kondensatoren in der Wechselstrombrücke benutzt

[1] Giebe, E.: l. c. — Schering, H., u. R. Schmidt: ETZ Bd. 33 (1912) S. 1343 u. Z. Instrumentenkde. Bd. 32 (1912) S. 253. — Giebe, E., u. E. Alberti: Z. techn. Physik Bd. 3 (1907) S. 371.

werden, welche auch gleich den Verlustwinkel zu messen gestattet. Anfänglich wurden die zur Eichung eingesandten Kondensatoren meist direkt mittels der Maxwellschen Methode gemessen. Wegen des Einflusses des Luftdruckes usw. auf die Kapazitä der Luftkondensatoren vgl. die zitierte Mitteilung.

2. Internationales Henry.

a) Bestimmung des Henry. Die Einheit der Induktivität wird wieder auf diejenige der Kapazität zurückgeführt, was ohne weiteres auch in der Wechselstrombrücke mit einer Genauigkeit von $^1/_{100}$ Promille geschehen kann. Man erhält dann die Induktivität in der Form Henry = Farad × Ohm². Unter Benutzung der in Abb. 20 angegebenen Bezeichnung wird die Induktivität L aus folgender Gleichung berechnet:

$$L = C r_1 r_4 .$$

Die beiden Widerstände r_1 und r_4 müssen in int. Ohm, die Kapazität C in int. Farad bekannt sein. Für das Gleichgewicht der Brücke muß außerdem die Bedingung $r_1 r_4 = r_2 r_3$ erfüllt sein; die Widerstände r_1 und r_2 müssen eine möglichst kleine Zeitkonstante haben (kleine Kapazität und Induktivität). Um eine einwandfreie Messung zu erzielen, müssen eine Reihe von Vorsichtsmaßregeln beachtet werden. Die Brücke muß die in der Reichsanstalt angegebene Form besitzen[1], um die gegenseitige Induktion der Brückenzweige zu vermindern, die Selbstinduktionsspule muß weit von der sonstigen Meßanordnung entfernt sein, um sie nicht zu beeinflussen, ferner muß sie zur Definition ihrer Kapazität in einem Holzkasten eingeschlossen sein, dessen Innenwandung mit unterteilter Stanniolbelegung ausgekleidet ist; durch geerdete Schutzhüllen müssen die von den Teilkapazitäten der Brücke herrührenden „vagabundierenden Ströme" vermieden werden usw.

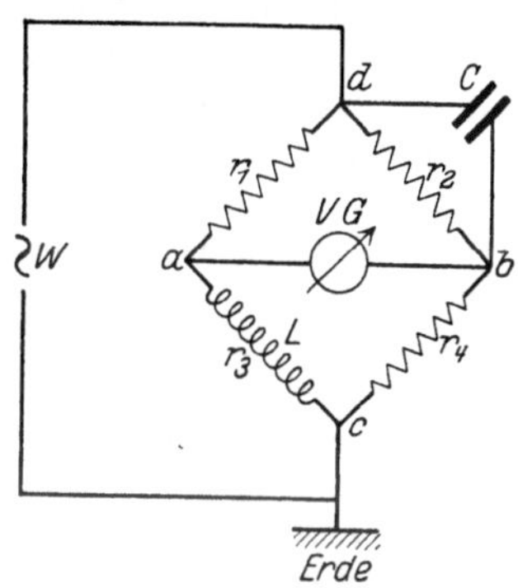

Abb. 20. Wechselstrombrücke zur Vergleichung der Induktivität L mit der Kapazität C.

b) Induktionsnormale. Die Induktionsnormale bestehen aus Kupferdraht (Litzendraht), der in Spulenform auf Marmor-, Glas- oder Porzellankerne aufgewickelt ist. Bei der Messung muß die Induktionsspule, wie oben angegeben, in einen Holzkasten eingeschlossen werden. Diese auch zur Prüfung benutzten Normale sind in verschiedenen Dekaden vorhanden (0, 0,1 usw. Henry).

E. Zusammenfassung.

Als greifbare Repräsentanten der elektrischen Einheiten hat man nur die bisher aufgeführten Normale (Normalwidertände, Normalelemente, Luftkondensatoren und Induktionsspulen) zur Verfügung. Alle anderen

[1] Giebe, E.: Z. Instrumentenkde Bd. 31 (1911) S. 6 u. 33.

Größen müssen für jeden besonderen Fall durch eine Messung auf eine oder mehrere dieser Einheiten zurückgeführt werden.

Im vorstehenden sind nur die Arbeiten der PTR näher erläutert worden; in den anderen Staatsinstituten wird in ähnlicher Weise verfahren. Zunächst muß nun aber die geschichtliche Weiterentwicklung der elektrischen Einheiten seit dem Kongreß in Chicago ins Auge gefaßt werden.

XII. Von Chicago (1893) bis London (1908).

Auf S. 42 war bereits darauf hingewiesen worden, daß sich durch die in Chicago erfolgte Festsetzung von drei elektrischen Grundeinheiten erhebliche Mißstände ergaben, da der für das Clark-Element angenommene Wert um etwa 1 Promille zu hoch war. Diese Schwierigkeiten wurden im Laufe der Zeit immer fühlbarer und führten schließlich zu unhaltbaren Zuständen.

Im Hinblick auf einen gelegentlich einer Weltausstellung in St. Louis geplanten internationalen Elektrikerkongreß hat nun das Amer. Inst. of Electr. Eng. einige die elektrischen Einheiten betreffende Vorschläge zum Zweck einer Diskussion veröffentlicht[1]. Äußerungen über diese Vorschläge sind nur hinsichtlich der Nomenklatur gemacht worden[2]. Unter den von dem Amer. Inst. veröffentlichten Anregungen befand sich auch der von Cahart gemachte Vorschlag[3], das Westonsche Normalelement an Stelle des in Chicago angenommenen Clark-Elementes als gesetzliches Normal der elektrischen Spannung einzuführen[4]. Cahart wollte die drei Einheiten prinzipiell beibehalten, aber durch Einführung des Weston-Elementes mit richtiger EMK die entstandenen Schwierigkeiten beseitigen. F. A. Wolff dagegen vom BSt. wollte das Silbervoltameter zugunsten des Weston-Elementes fallen lassen, also nur zwei Einheiten, Ohm und Volt, beibehalten[5].

A. Internationaler Elektrikerkongreß in St. Louis, 1904[6].

Infolge der ungeklärten Lage sah die Delegiertenkammer des Kongresses davon ab, tatsächliche Festsetzungen zur internationalen Annahme in Vorschlag zu bringen. Vielmehr beschränkte sie sich auf die Annahme des folgenden Leitsatzes:

„Aus Vorträgen, die auf dem Internationalen Elektrikerkongreß gehalten

[1] Vgl. darüber ETZ Bd. 24 (1903) S. 971.

[2] Vgl. ETZ Bd. 25 (1904) S. 100 u. 141.

[3] Proc. Amer. Inst. of Electr. Eng. (1903).

[4] Vgl.: Zur Frage der Legalisierung eines Normals der EMK. ETZ Bd. 25 (1904) S. 669.

[5] Wolff, F. A.: Physic. Rev. Bd. 18 (1904) S. 454. — Ein ähnlicher Vorschlag wurde von Kahle (PTR) Ann. Physik Bd. 51 (1894) S. 206 gemacht.

[6] Vgl. Jaeger, W.: Physik. Z. Bd. 7, S. 361; Auszug aus „Electrical Standards" in Transact. of the Intern. Electr. Congress St. Louis 1904, S. 331 (im Auftrag des Organisationskomitees verfaßt). — Wolff, F. A.: The so-called intern. electr. units. Bull. B. St. Bd. 1 (1904).

wurden und der sich daran anschließenden Diskussion geht hervor, daß erhebliche Unterschiede zwischen den Gesetzen über elektrische Maßeinheiten bzw. ihre Interpretation in den verschiedenen Ländern bestehen; die Delegiertenkammer ist der Ansicht, daß auf diesem Gebiete eine ausreichende Übereinstimmung angestrebt werden sollte. Ferner sind andere Fragen vorhanden, die sich auf die Benennung, sowie die Definition von Einheiten beziehen und sich nach der Auffassung der Delegiertenkammer für eine internationale Regelung empfehlen.

Die Delegiertenkammer drückt ihre Meinung dahin aus, daß diese und ähnliche Fragen am besten von einer internationalen, die in Betracht kommenden Regierungen repräsentierenden Kommission behandelt würden.

Eine solche Kommission könnte in erster Linie von den Ländern ernannt werden, in denen Gesetze über elektrische Maßeinheiten in Kraft sind und aus beispielsweise zwei Vertretern jedes Landes bestehen.

Es sollen Vorkehrungen getroffen werden, um anderen Ländern die Möglichkeit zu gewähren, sich den Beschlüssen der Kommission anzuschließen. Die Delegiertenkammer billigt diesen Plan und richtet an ihre Mitglieder die Bitte, diesen Bericht ihren Ländern vorzulegen.

Falls dieser Anregung seitens der in der Delegiertenkammer vertretenen Regierungen Folge geleistet wird, so wird der Hoffnung Ausdruck gegeben, daß die Kommission eine permanente werden möge."

Die Reichsanstalt hat sich (inoffiziell) hinsichtlich der notwendigen internationalen Fühlungnahme in ähnlicher Weise geäußert[1].

„Die Einheitlichkeit auf dem Gebiete des elektrischen Maßwesens zu vervollständigen, wird aber, wenn auch erst für die Zukunft, doch ernstlich im Auge behalten werden müssen. Der nächste Schritt zu diesem Ziele wird mit Aussicht auf Erfolg darin bestehen können, daß die staatlichen Institute, die jetzt in mehreren Ländern mit der Herstellung und Überwachung der elektrischen Einheiten betraut sind, bei ihren Arbeiten über die elektrischen Einheiten miteinander in Fühlung bleiben und sich über etwaige Festsetzungen einigen, die dann zur Diskussion gestellt und später durch internationale Abkommen sanktioniert werden."

Vor dem Zusammentritt einer großen internationalen Kommission zum Zweck einer endgültigen Beschlußfassung, wie es in St. Louis vorgeschlagen worden war, schien es nun erwünscht, die zu beratenden Fragen zunächst in kleinerem Kreise zu erörtern, um auf diese Weise eine gut vorbereitete Unterlage für die Verhandlungen in einer großen Kommission zu erhalten und bestimmt formulierte Vorschläge unterbreiten zu können.

In diesem Sinne erging zunächst eine Anregung von seiten Strattons, des Direktors des BSt. in Washington, der vorschlug, vor einem in London geplanten großen internationalen Kongreß zunächst eine Beratung in engerem Kreise vorzunehmen. Da dies durchaus mit der Ansicht der PTR übereinstimmte, leitete der damalige Präsident Kohlrausch dieser Anstalt Verhandlungen ein, um die Anregung Strattons zu verwirklichen. Als von seiten der befragten Stellen Zustimmung erfolgte, lud dann der spätere Präsident der PTR, Warburg, Vertreter der in den verschiedenen Ländern mit der Überwachung der elektrischen Einheiten betrauten Institute, sowie einige Gelehrte, die sich in hervorragendem Maße auf diesem Gebiete betätigt hatten, zu einer Konferenz ein, die Ende Oktober 1905 in der PTR zu Charlottenburg stattfinden sollte.

[1] Vgl. Zur Frage der Legalisierung usw. ETZ Bd. 25 (1904) S. 669.

B. Internationale Konferenz über elektrische Maßeinheiten zu Charlottenburg, Oktober 1905[1].

An der Konferenz, die vom 23.—25. Oktober 1905 in der PTR tagte, nahmen teil: H. S. Cahart (Amerika), Eric Gerard und P. Clément (Brüssel), R. T. Glazebrook (NPL, England), E. Mascart (Paris), V. v. Lang und L. Kusminsky (K. K. Normaleichungskommission, Wien), F. Kohlrausch (Marburg), E. Warburg, E. Hagen, W. Jaeger, St. Lindeck (PTR), Th. Lewald (Reichsamt des Inneren). Von den Eingeladenen waren Lord Rayleigh und das BSt. nicht erschienen, doch hatte das letztere seine Stellungnahme zu der ihm bekannten Tagesordnung der Konferenz in einer längeren Denkschrift niedergelegt. Auf die Tagesordnung und die Diskussion der einzelnen Fragen kann hier nicht eingegangen werden, siehe darüber den gedruckten Bericht.

Beschlossen wurde, nur zwei Grundeinheiten festzusetzen, das Ohm, definiert durch die SE und das Ampere, definiert durch das Silbervoltameter. Als Normalelement, aber nicht Grundeinheit, wurde das Westonsche Kadmium-Element angenommen. Hinsichtlich der Quecksilberwiderstände sollte festgestellt werden, ob das Glaswerk Schott & Gen. in Jena genügend kalibrische Rohre aus Glas 59^{III} herstellen könne. (Bisher wurde Glas 16^{III} benutzt.) Die Rohre sollten sorgfältig gealtert und im Vakuum ohne Erhitzen gefüllt werden. Für die Auswägung sollte die Quecksilbersäule bei 0° an den Endquerschnitten des Rohres durch Ebenen abgegrenzt, und die Längenmessung sollte möglichst bei 0° mit Kontaktstücken vorgenommen werden. Bei den elektrischen Messungen, die bei 0° erfolgen müßten, sollte die Stromstärke nur so groß sein, daß das Quecksilber nicht schädlich erwärmt wird; für die Messung selbst wurde die Kohlrauschsche Differential-Galvanometer-Methode oder die Thomsonbrücke, evtl. auch die Kompensationsmethode empfohlen. Als Wert eines Rohres sollte das Mittel aus wenigstens drei Füllungen dienen; die Quecksilbernormale sollten einen ungefähren Widerstand von 1 Ohm haben. Als Wert der Drahteinheit (Manganinnormale, S. 47) sollte das Mittel aus wenigstens fünf Widerständen von 1 Ohm gelten. Die Kontrolle der Drahteinheit durch die Quecksilbereinheit sollte in angemessenen Zeiträumen erfolgen.

Das Weston-Element sollte Kadmiumsulfathydrat enthalten (also festes Salz) und das Kadmiumamalgam einen Prozentgehalt von 12 bis 13 Teilen Kadmium besitzen.

Ferner wurden noch folgende Resolutionen gefaßt:

„Die Konferenz spricht den Wunsch aus, daß eine internationale Konvention vereinbart werde, um die Übereinstimmung der elektrischen Etalons, die in den verschiedenen Ländern in Gebrauch sind, sicherzustellen.

In Anbetracht der Tatsache, daß die Gesetzgebungen der verschiedenen Länder in bezug auf die elektrischen Einheiten nicht vollständig übereinstimmen, hält es die Konferenz für wünschenswert, in Jahresfrist eine offizielle Konferenz zusammenzuberufen mit dem Zweck, diese Übereinstimmung herzustellen.“

---

[1] Vgl. Verhandl. d. Intern. Konferenz über elektr. Maßeinheiten, abgehalten in der PTR zu Charlottenburg vom 23.—25. Okt. 1905, Berlin 1906, gedruckt in der Reichsdruckerei. — Jaeger, W., u. St. Lindeck: ETZ Bd. 27 (1906) S. 237.

Ferner sprach die Konferenz als ihre Ansicht aus, daß die vorliegenden Informationen nicht ausreichen, um Änderungen des bisher angenommenen Wertes für das Ampere vorzuschlagen, sowie um genaue Ausführungsvorschriften für das Silbervoltameter und das Normalelement aufzustellen sowie:

„daß, wenn der später abzuhaltenden formalen Konferenz von irgendeiner Seite Änderungen der bisherigen Zahl für das Ampere vorgeschlagen werden sollten, vorher zwischen den interessierten Parteien eine schriftliche Einigung stattfinden müsse. Wenn hierbei entstehende Meinungsverschiedenheiten nicht beigelegt werden könnten, so sei eine neue Vorkonferenz abzuhalten. Dasselbe Verfahren sei für die Ausarbeitung der Ausführungsbestimmungen zum Silbervoltameter und Normalelement anzuwenden, falls einer formalen Konferenz solche Vorschriften von irgendeiner Seite unterbreitet werden sollten."

Es war also Übereinstimmung darüber vorhanden, daß auch Maßnahmen zur dauernden Erhaltung der internationalen Übereinstimmung der konkreten Maße getroffen werden müssen, ferner darüber, daß es nicht notwendig ist, die praktischen elektrischen Maße in eine genaue Übereinstimmung mit den theoretischen Definitionen zu bringen, so daß auch bei der Definition der praktischen Einheiten in Zukunft am besten ein Hinweis auf ihre Herleitung aus dem elektromagnetischen CGS-System unterbleibt, da hierdurch ohne zwingenden Grund eine Zweideutigkeit in das Gesetz gebracht wird, der ein entsprechender Nutzen nicht gegenübersteht. Daher ist die in einigen Gesetzen benutzte Fassung: „Das Ampere ist gleich 0,1 CGS-Einheiten und wird für praktische Zwecke genügend genau dargestellt durch" (folgt empirische Definition durch das Silbervoltameter) irreführend, da eine genauere Darstellung des Ampere, etwa für wissenschaftliche Zwecke, gar nicht existiert. In Zukunft solle also auch bei der Definition der elektrischen Einheiten auf ihre theoretische Festsetzung, die ja feststeht und bekannt ist, nicht mehr Bezug genommen werden. Trotzdem waren auf der Londoner Konferenz noch erhebliche Kämpfe über diesen Punkt auszufechten, da von mehreren Seiten auf die Beibehaltung der theoretischen Definitionen, als das primär gegebene, ganz besonderer Wert gelegt wurde. Tatsächlich sind diese Definitionen auch in die Londoner Beschlüsse aufgenommen worden.

C. Die internationale Konferenz über elektrische Einheiten und Normale zu London im Oktober 1908[1].

Den für London geplanten Kongreß in Jahresfrist nach der Charlottenburger Konferenz abzuhalten, ließ sich nicht verwirklichen, da es notwendig erschien, erst noch das Ergebnis von Experimentaluntersuchungen abzuwarten, die in den verschiedenen Staatslaboratorien im Gange waren und die sich auf die Frage der Einheitenfestsetzung bezogen. Deshalb ist die Konferenz zweimal um ein Jahr verschoben worden, was sich als sehr nützlich erwies, da inzwischen auf verschie-

[1] Int. Conference on Electrical Units and Standards 1908, printed for his Majestys Stationary Office by Darling & Son, London 1909. — Vgl. auch Jaeger, W., u. St. Lindeck: ETZ Bd. 30 (1909) S. 344. — Jaeger, W.: Dtsch. Mech.-Z. 1909, Heft 2, S. 13.

denen Gebieten eine Klärung der Ansichten eintrat. So fand dann drei Jahre nach der Charlottenburger Konferenz der internationale Kongreß in London statt.

Der Kongreß wurde am 12. Oktober 1908 im Burlington House, dem Sitz verschiedener Akademien, in den Räumen der Royal Society durch den Präsidenten des Board of Trade, Winston S. Churchill eröffnet. Die Geschäftsordnung entsprach mit geringen Abänderungen derjenigen der internationalen Konferenz für drahtlose Telegraphie zu Berlin 1906, so daß der Präsident der Konferenz von der Regierung des Landes zu ernennen war, das zur Konferenz eingeladen hatte. Auf Grund dieser Bestimmungen wurde Lord Rayleigh zum Präsidenten ernannt, der seinerseits aus den verschiedenen Ländern sechs Vizepräsidenten, darunter aus Deutschland E. Warburg, ernannte. Als Sekretäre fungierten M. I. Collins, W. Duddell, C. W. S. Crawly, F. E. Smith.

Abb. 21. Emil Warburg, geb. 9. 3. 1846, gest. 28. 7. 1931.

Die Verhandlungen wurden in deutscher, englischer und französischer Sprache geführt; für alle Sprachen waren Stenographen zugezogen.

Diese etwas große Aufmachung wird dadurch gerechtfertigt, daß einschließlich der englischen Kolonien 26 Länder mit 46 Delegierten zur Teilnahme an diesem grundlegenden Kongreß erschienen waren, nämlich:

Nordamerika (Stratton, Rosa, Cahart), Belgien (Eric Gerard, Clément,) Brasilien (Weiß), Chile (Eastmann), Columbia (Roa), Dänemark und Schweden (Arrhenius), Deutschland (Warburg, Jaeger, Lindeck), Ecuador (Nevares), England (Rayleigh, J. J. Thomson, Gavey, Glazebrook, O'Meara, Trotter), Frankreich (Lippmann, Benoît, de Nerville), Guatemala (de Arce), Italien (Ròiti), Japan (Asano, Kondo), Mexiko (Castelló, Perez), Niederlande (Haga), Paraguay (Croskey), Österreich (v. Lang, Kusminsky), Rußland (Egoroff, Swentorzetzky), Spanien (Madariaga, Montenegro), Schweiz (Weber, Chappuis, Landry), Ungarn (Vater), Engl. Kolonien: Australien (Darley, Threlfall), Kanada (Higman), Indien (Simpson), Kronkolonien (Cardew).

Jedes Land, mit Ausnahme der Kronkolonien, hatte eine Stimme.

Da viele der Teilnehmer in der Frage der praktischen elektrischen Einheiten wenig sachverständig waren, wurde ein aus 22 Mitgliedern bestehendes „Technisches Komitee“ gewählt, dessen Vorsitz Glazebrook hatte und das Ausführungsbestimmungen (Specifications) für die Quecksilberwiderstände, Silbervoltameter und Normalelemente zu entwerfen und über alle Fragen zu beraten und berichten hatte, die ihm von der Konferenz überwiesen wurden. Die Aufgabe des Technischen Komitees wurde erleichtert durch Vorberatungen, welche in der Zeit zwischen der Charlottenburger und Londoner Zusammenkunft hauptsächlich zwischen den Staatslaboratorien in Amerika, Deutschland und England stattgefunden hatten und in denen bereits Ausführungsbestimmungen im Hinblick auf die Londoner Konferenz entworfen worden waren. Den Verhandlungen selbst wurde der von deutscher Seite vorgeschlagene, durch Vorverhandlungen etwas abgeänderte Entwurf zugrunde gelegt, dessen wesentliche Gesichtspunkte auch zur Annahme gelangten.

Wegen der großen Bedeutung der Londoner Beschlüsse seien diejenigen derselben, die sich auf die elektrischen Einheiten selbst beziehen, im folgenden wörtlich wiedergegeben:

„I. Die Konferenz ist der Ansicht, daß wie bisher die fundamentalen elektrischen Einheiten im elektrischen Maßsystem definiert werden sollen unter Zugrundelegung des Zentimeter als Einheit der Länge, des Gramm als Einheit der Masse und der Sekunde als Einheit der Zeit.

Diese fundamentalen Einheiten sind 1. das Ohm, die Einheit des elektrischen Widerstandes, gleich 10^9 CGS-Einheiten; 2. das Ampere, die Einheit der elektrischen Stromstärke, gleich 10^{-1} CGS-Einheiten; 3. das Volt, die Einheit der elektromotorischen Kraft, gleich 10^8 CGS-Einheiten; 4. das Watt, die Einheit der Leistung (englisch: energie expended per second) gleich 10^7 CGS-Einheiten.

II. Als ein System von Einheiten, das die eben genannten für elektrische Messungen und für legislative Zwecke mit genügender Annäherung verkörpert, empfiehlt die Konferenz die Annahme des int. Ohm, des int. Ampere und des int. Volt unter Zugrundelegung der folgenden Definitionen:

III. Das Ohm ist die eine Grundeinheit.

IV. Das int. Ohm ist durch den Widerstand einer bestimmten Quecksilbersäule definiert.

V. Das int. Ohm ist der Widerstand, den eine Quecksilbersäule von 106,300 cm Länge und 14,4521 g Masse bei durchweg gleichem Querschnitt gegenüber einem konstanten Strom bei der Temperatur des schmelzenden Eises besitzt.

Um den Widerstand einer Quecksilbersäule in int. Ohm zu ermitteln, ist das in der hier beigefügten Ausführungsbestimmung I beschriebene Verfahren zu benutzen.

VI. Das Ampere ist die andere Grundeinheit.

VII. Das int. Ampere ist derjenige konstante elektrische Strom, der beim Durchgang durch eine wässerige Lösung von Silbernitrat bei Einhaltung der hier beigefügten Ausführungsbestimmung II 0,00111800 g Silber in einer Sekunde niederschlägt.

VIII. Das int. Volt ist diejenige Spannungsdifferenz (jetzt Spannung genannt), die in einem Leiter von einem int. Ohm Widerstand einen Strom von einem int. Ampere erzeugt.

IX. Das int. Watt ist die Leistung, die ein konstanter elektrischer Strom von einem int. Ampere bei einer elektrischen Spannungsdifferenz von einem int. Volt verrichtet[1]".

Wie aus den Beschlüssen I und II hervorgeht, sind auf der Londoner Konferenz die absoluten Maße des praktischen elektromagnetischen Systems (Absolutes Ampere usw.) als die fundamentalen elektrischen Maße erklärt worden, die empirisch definierten Einheiten aber (Int. Ampere usw.) als diejenigen Einheiten, durch welche die fundamentalen Einheiten „für elektrische Messungen und legislative Zwecke" verkörpert werden. Immerhin ist durch die Bezeichnung „Int. Ohm" usw. für die Zukunft jedes Mißverständnis bei Benutzung dieser Einheiten ausgeschlossen worden. Die in London festgesetzten empirischen Einheiten werden fast ausschließlich bei elektrischen Messungen in der Wissenschaft und der Technik in gleicher Weise benutzt, indem an sie die für die Praxis in Betracht kommenden „Sekundären Einheiten" (siehe S. 71) angeschlossen werden.

Im einzelnen ist noch folgendes zu bemerken:

Bei der Definition des int. Ohm (Beschluß V) ist die Bezugnahme auf das Quadratmillimeter (vgl. Chicago und deutsches Gesetz) fortgeblieben, wodurch der letzte Hinweis auf die SE beseitigt worden ist. Tatsächlich ist aber die Definition gleichbedeutend mit 1 int. Ohm = 1,06300 SE. Die Zufügung der beiden Nullen hier und bei dem Silbervoltmeter soll jeden Zweifel darüber beseitigen, daß die angegebene Zahl auf $^1/_{100}$ Promille genau sein soll; auch die früheren Definitionen wurden niemals anders ausgelegt. Ein Antrag, statt der in V angegebenen Definition für die Länge des Rohres 1 m und für die Quecksilberfüllung 12,7898 g zu setzen, was rechnerisch auf dasselbe hinauskommt (vgl. S. 59) ist abgelehnt worden, um mit der bisherigen Tradition nicht zu brechen. Der Zusammenhang mit der SE würde dadurch noch gründlicher verdeckt worden sein, als es jetzt geschehen ist. Hinzugefügt ist in V noch „konstanter Strom" im Hinblick darauf, daß bei Wechselstrom der Widerstand des Leiters durch den Skineffekt erhöht wird.

Bei der Festsetzung der durch 1 int. Amperesekunde ausgeschiedenen Silbermenge entstanden einige Schwierigkeiten. Von verschiedenen Seiten wurde geltend gemacht, daß es wünschenswert sei, das int. Ampere in möglichst genaue Übereinstimmung mit dem absoluten Wert zu bringen. Nach neueren Messungen sei aber dann nicht 1,11800 mg, sondern 1,1182 oder 1,1183 zu setzen. Andererseits aber wurde betont, daß es bei der kleinen Differenz, die allenfalls in Betracht käme, wichtiger sei, die Kontinuität mit früher zu wahren und Konfusionen zu vermeiden, die durch verschieden definierte internationale Maße entstehen könnten. Bei der Abstimmung überwog glücklicherweise die Ansicht, daß der alte Wert beizubehalten sei. Denn nach den neuesten absoluten Messungen scheint die Zahl 1,1180 doch sehr nahe richtig zu sein. Die Abänderung hätte also später wieder beseitigt werden müssen. Daß solche

[1] Die in den vorstehenden Beschlüssen angezogenen Ausführungsbestimmungen sind ziemlich umfangreich, so daß hier von ihrer wörtlichen Wiedergabe abgesehen werden muß; das gleiche gilt für die Anlagen und „Notes".

Maßnahmen aber zu ganz unhaltbaren Zuständen führen müssen, liegt auf der Hand (vgl. auch S. 88 absolute Messungen).

Auch über die Frage, ob neben dem Ohm als zweite Grundeinheit das Ampere oder das Volt empirisch definiert werden solle, bestanden erhebliche Meinungsverschiedenheiten. Wie bereits früher erwähnt wurde, hatte Cahart vor den Beratungen in St. Louis (1904) den Vorschlag gemacht, das Weston-Element der Definition des Volt zugrunde zu legen und das Volt als zweite Einheit zu wählen. Diesen Standpunkt hatte auch das BSt. bei der Konferenz in Charlottenburg vertreten, so daß dort bereits keine völlige Übereinstimmung erzielt werden konnte, da die PTR und NPL für die Wahl des Ampere als zweite Einheit eintraten. Auch in London vertrat Amerika den Standpunkt, daß es zweckmäßiger sei, das Volt zu definieren, da in der Praxis bei den Messungen fast stets das Normalelement benutzt wird. Wenn dies auch als zutreffend anerkannt werden muß, so wurde doch dagegen geltend gemacht, daß das Ampere bereits in den Gesetzen einiger Länder als zweite Grundeinheit festgelegt sei, daß die Konstanz des Weston-Elementes noch nicht genügend feststehe und auch noch Schwierigkeiten mit dem Merkurosulfat vorhanden seien. Mit großer Mehrheit wurde dann das Ampere als zweite Grundeinheit gewählt.

Dagegen empfahl die Konferenz das Westonsche Normalelement als ein bequemes Mittel zur Messung von Spannungen und Stromstärken, vorausgesetzt, daß dabei das Element nach dem in Anlage *C* beschriebenen Verfahren zusammengesetzt sei, d. h. mit Kadmiumamalgam von etwa 12,5%, mit gesättigter Lösung von Kadmiumsulfat und einem Überschuß von Kristallen des Kadmiumsulfathydrates.

Für das in dieser Weise zusammengesetzte Weston-Element wurde als vorläufiger Wert eine EMK von 1,0184 int. Volt bei 20° C angenommen mit der auf S. 57 angegebenen (von 0—40° gültigen) Temperaturformel.

Für den Ausbreitungsfaktor (siehe S. 62) wurde der Wert 0,80 festgesetzt und es wurde bestimmt, daß die Endgefäße einen Durchmesser von 4 cm haben sollten.

Da es aber nach den bisherigen Erfahrungen nicht genügt, nur eine Übereinstimmung der Vorschriften zu erzielen, sondern da auch eine internationale Übereinstimmung der konkreten, greifbaren Normale hergestellt und erhalten bleiben muß, so faßte die Konferenz in Übereinstimmung mit den in Charlottenburg 1905 gemachten Vorschlägen die folgende Resolution.:

„Die Konferenz hat über die Maßnahmen beraten, die den Regierungen zur dauernden Erhaltung der Übereinstimmung in den elektrischen Einheiten und Normalen empfohlen werden sollten; sie drückt ihre Meinung dahin aus, daß die beste Methode, um für die Zukunft die Übereinstimmung zu gewährleisten, die Errichtung eines Internationalen Elektrischen Laboratoriums sein würde, das die Aufgabe hätte, die internationalen elektrischen Normale aufzubewahren und zu erhalten. Dieses Laboratorium müßte völlig unabhängig von einem Nationalen Laboratorium ausgerüstet werden.“

Auf alle Fälle aber, ob ein derartiges Laboratorium gegründet wird oder nicht, hielt es die Konferenz für nötig, eine permanente Kommission für elektrische Maße den interessierten Ländern zu empfehlen. Diese Kommission sollte aus Regierungsdelegierten bestehen, die mit den nötigen Vollmachten ausgestattet sind.

Rayleigh-Komitee. Da natürlich einige Zeit vergehen wird, bis eine Vereinbarung der Regierungen der vielen beteiligten Länder zustandekommen wird und da die Konferenz selbst nicht die Kompetenz besaß, eine solche permanente Kommission mit den nötigen Vollmachten zu ernennen, so wählte die Londoner Konferenz, um auch für die Zwischenzeit keine Lücke zu lassen, ein wissenschaftliches Komitee aus 15 Mitgliedern der Konferenz, in welchem Amerika, Deutschland, England und Frankreich mit je zwei, sieben andere Länder mit je einem Delegierten vertreten waren (Belgien, Holland, Italien, Japan, Österreich, Rußland, Schweiz).

Zum Vorsitzenden dieser als „Rayleigh-Komitee“ bezeichneten Körperschaft wurde E. Warburg, zu dessen Stellvertreter Glazebrook, zum Sekretär Rosa, zum Schatzmeister Stratton gewählt.

Dieses Komitee sollte in erster Linie die Aufgabe haben, sogleich die nötigen Schritte zu tun, um die permanente Kommission ins Leben zu rufen und erforderlichenfalls eine neue Konferenz in die Wege zu leiten; ferner sollte es bis zum Zusammentritt dieser Kommission solche Arbeiten planen und leiten, die in Verbindung mit der Erhaltung der Normale, der Festsetzung von Zahlenwerten und der Vergleichung der Normale verschiedener Länder untereinander notwendig erscheinen und sollte überhaupt die Arbeiten der Konferenz zu Ende zu führen, eventuell unter Heranziehung von Laboratorien, die mit den nötigen Einrichtungen für elektrische Präzisionsmessungen ausgestattet sind.

Das Komitee oder die permanente Kommission sollten auch die Frage prüfen, ob es möglich oder wünschenswert ist, künftige Konferenzen über elektrische Einheiten und Normale mit der Konferenz für Maße und Gewichte zu vereinigen, die gewöhnlich alle sechs Jahre in Paris zusammentritt. Gleichzeitig drückte die Konferenz die Ansicht aus, daß, auch wenn eine solche Vereinigung sich als ausführbar erwiese, die permanente Kommission als besondere Körperschaft beizubehalten sei, und daß der Ort für ihren Zusammentritt wechseln solle.

Die große Bedeutung des Londoner Kongresses trat auch dadurch äußerlich in die Erscheinung, daß vier Delegierte (Arrhenius, Lippmann, Warburg, Stratton) zu Ehrendoktoren der Universität Cambridge feierlich ernannt wurden, daß die englische Regierung ein offizielles Bankett gab usw.

XIII. Delegierten-Zusammenkunft in Washington 1910[1].

Das Rayleigh-Komitee hat bis zum Kriege seine Tätigkeit ausgeübt, indem hauptsächlich hinsichtlich der „Specifications“ Rundschreiben

[1] Vgl. „Report of the international committee on electrical units and standards of a special technical committee appointed to investigate and report on the concret standards of the electrical units and to recommend a value for the Weston normal cell.“ Washington: Government printing office 1912 und Supplement dazu.

ergingen, in denen die Ansichten ausgetauscht wurden. Auch die Delegiertenzusammenkunft in Washington, die in erster Linie die EMK des Weston-Elementes gemeinsam feststellen sollte, fand unter dem Zeichen dieses Komitees statt. Während des Krieges wurde diese nützliche Körperschaft von unseren Gegnern für aufgelöst erklärt und auch nach dem Kriege nicht wieder ins Leben gerufen. Auch Deutschland hat keine Schritte unternommen, um eine Wiedereinsetzung des Komitees anzuregen. Bekanntlich war Deutschland ja noch lange nach dem Kriege von vielen internationalen Zusammenkünften ausdrücklich ausgeschlossen.

In der PTR war im Jahre 1908 mittels silbervoltametrischer Messungen die EMK des Weston-Elementes bei 20° C zu 1,01834 int. Volt bestimmt worden. Da jedoch die Messungen der verschiedenen Länder zum Teil sehr abweichende Resultate ergeben hatten und nicht festzustellen war, inwieweit die Messungen mit dem Silbervoltameter oder die Unterschiede zwischen den Elementen selbst an dieser Differenz Schuld waren, so machte sich der Wunsch geltend, eine internationale Festsetzung des Wertes auf Grund gemeinsamer Messungen der in Betracht kommenden Staatsinstitute zu treffen. Dies wurde ermöglicht durch eine Einladung Amerikas an Deutschland und England, die dann auch auf Frankreich ausgedehnt wurde, Delegierte nach dem BSt. in Washington zwecks gemeinsamer Messungen zu senden. Dieser Plan wurde vom Rayleigh-Komitee gutgeheißen, hätte aber wohl kaum zur Ausführung gelangen können, wenn nicht in sehr dankenswerter Weise die Kosten für die Reise und den Aufenthalt der Delegierten in Amerika von verschiedenen bedeutenden elektrotechnischen Korporationen Amerikas[1] aufgebracht worden wären.

An den im April und Mai 1910 im BSt. ausgeführten Arbeiten des sog. „Internationalen Technischen Komitees“[2] beteiligten sich als Delegierte der vier Länder E. B. Rosa und F. A. Wolff vom BSt., W. Jaeger von der PTR, F. E. Smith vom NPL und L. Laporte vom LCE in Paris. Jeder der drei nach Washington entsandten Delegierten brachte je zwei Silbervoltameter mit sowie eine Anzahl Weston-Elemente und Manganinwiderstände, die an die Einheiten der betreffenden Länder angeschlossen waren und nach der Rückkehr wieder mit diesen verglichen wurden. Bezüglich der Widerstandseinheit ist zu bemerken, daß Amerika als Widerstandseinheit den Mittelwert einer Anzahl von Manganinnormalen benutzte, die mit der deutschen und englischen Widerstandseinheit verglichen worden waren; Frankreich bezog seine Messungen auf legale Ohm, die 1884 hergestellt waren und im Post- und Telegraphenamt in Paris aufbewahrt wurden. Die mitgebrachten Normalelemente zeigten eine sehr gute Übereinstimmung, so daß ihr Mittelwert den silbervoltametrischen Messungen zugrunde gelegt werden konnte. Auch neue Elemente wurden hergestellt aus mitgebrachten Materialien, worauf hier aber nicht weiter eingegangen werden soll.

[1] Amer. Inst. of Electr. Eng. — National Electric Light Assoc. — Amer. Gas Inst. — Illuminat. Engen. Soc. — Assoc. of Edison Illuminat. Comp.

[2] Vgl. Anm. 1 S. 82.

Bei den silbervoltametrischen Messungen waren meist zehn Platintiegel hintereinander geschaltet, je zwei von Deutschland, England und Frankreich sowie vier von Amerika; von den letzteren enthielten zwei Voltameter Tonzellen. Die Stromstärke betrug in der Regel 0,5 Ampere, die Zeitdauer war zwei Stunden, so daß etwa 4 g Silber in jedem Voltameter ausgeschieden wurden. Der Strom ging durch einen Widerstand von 2 Ohm; die an den Enden desselben entstehende Spannung von etwa 1 Volt wurde mit derjenigen eines Weston-Elementes verglichen. Die für die Versuche erforderlichen Materialien waren von den Delegierten mitgebracht und wurden auch in verschiedenen Kombinationen ausgetauscht.

Durch das gemeinsame Arbeiten der Delegierten an derselben Stelle waren die Grundlagen der Messungen (Normalelemente und -widerstände) sehr sichergestellt. Als internationale Widerstandseinheit wurde das Mittel aus der deutschen und englischen Einheit vorläufig angenommen. (Washingtoner Einheit.)

Auf Grund dieser gemeinsamen Messungen hat nun das Technische Komitee den Wert:

$$\text{Weston-Element bei } 20^\circ\,\text{C} = 1{,}1830 \text{ int. Volt}$$

zur internationalen Annahme empfohlen[1]. Im Einverständnis mit dem Rayleigh-Komitee wurde dieser Wert vom 1. Januar 1911 ab international eingeführt[2].

In Deutschland war vor dem 1. Januar 1911 den Eichungen der Reichsanstalt der Wert 1,0186 int. Volt zugrunde gelegt worden. Dieser Wert, der als zu hoch bekannt war (siehe S. 42), stammte noch aus weiter zurückliegenden Zeiten und war beibehalten worden, um die Kontinuität der Eichungen nicht zu stören, obwohl die Messungen in der Reichsanstalt 1908 den Wert 0,01834 ergeben hatten. Um den von früher stammenden Wert nicht in kurzer Zeit zweimal ändern zu müssen, hat man ihn bis zur definitiven internationalen Festsetzung beibehalten. Dieser Umstand ist zu beachten, wenn bei Messungen, die vor dem 1. Jan. 1911 liegen, Weston-Elemente benutzt worden sind.

XIV. Neuere absolute Messungen.

Die früher aufgeführten absoluten Messungen (siehe S. 35ff.), welche zur Aufstellung der Definitionen des Ohm und Ampere gedient hatten, waren nicht sehr genau. Bei späteren Messungen ist es, z. T. mit anderen Methoden, gelungen, Genauigkeiten von nahe $^1/_{100}$ Promille zu erzielen. Auf diese Weise hat man die Beziehung der internationalen Maße zu den Absolutwerten mit weitgehender Genauigkeit bestimmen können. Über diese Messungen, die jetzt auch noch fortgesetzt werden, soll hier kurz berichtet werden.

---

[1] In guter Übereinstimmung mit dem gleichzeitig in der PTR erhaltenen Wert, vgl. Steinwehr, H. v. (mit Feustel): Z. Instrumentenkde. Bd. 33 (1913) S. 321.

[2] Vgl. ETZ Bd. 31 (1910) S. 1303. — Ann. Physik Bd. 34 (1911) S. 376. — Z. Instrumentenkde. Bd. 31 (1912) S. 20. — Z. physik. Chem. Bd. 75 (1911) S. 674.

A. Absolute Ohmmessungen.

1. Die bereits früher (siehe S. 37) im Prinzip erläuterte Lorenzsche Methode ist im NPL in Teddington in abgeänderter Form und im großen Maßstab zu sehr genauer Messung des absoluten Ohm angewandt worden[1].

Die auf einer gemeinsamen Welle z (Abb. 22) befestigten Metallscheiben D_1, D_2, haben einen Durchmesser von etwa $^1/_2$ m und einen Abstand von 1,5 m. Zu beiden Seiten der Scheiben befinden sich konzentrisch zur Achse einlagige Spulen S_1, S_2, S_3, S_4 von 36 cm Durchmesser und 16 cm Breite. Die Welle besitzt eine Gesamtlänge von 7 m, um den an dem einen Ende derselben angebrachten Motor in eine möglichst große Entfernung von den Scheiben und Spulen zu bringen. Jede Scheibe ist in 10 Sektoren geteilt, die unter sich und gegen die Achse isoliert sind; die Ränder der korrespondierenden Sektoren beider Scheiben sind durch Drähte verbunden, die mit den Scheiben rotieren (d ist einer dieser Drähte); die Drähte müssen durch das innere Feld der Spulen geführt werden, damit sie keine Kraftlinien schneiden, im übrigen aber ist ihre Lage beliebig. Die zwischen ihren Enden induzierte Spannung hängt allein von der Lage dieser Endpunkte ab, d. h. von dem Radius der Scheiben. Denn die an den Enden eines Halbmessers der Scheibe zwischen Umfang und Achse bei der Rotation der Scheibe induzierte Spannung ist gleich der von dem Halbmesser der Scheibe in der Sekunde geschnittenen Kraftlinienzahl, welche ihrerseits wieder gleich $N\Phi$ ist, wenn N die sekundliche Umdrehungszahl der Scheibe und Φ der durch die Scheibenfläche in senkrechter Richtung gehende Kraftfluß ist. Da aber ferner $\Phi = iM$ ist, wenn i den durch die Spule fließenden Strom und M die Gegeninduktivität zwischen der Spule und dem Umfang der Scheibe bedeutet, so ist die induzierte Spannung $U = iNM$. Der Wert von M kann berechnet werden aus einer von Viriamu Jones angegebenen exakten Formel[2] für die Gegeninduktivität eines als Schraube betrachteten Solenoids auf einen kreisförmigen Leiter, wenn das Solenoid seinen Anfang in der Kreisebene nimmt und seine Achse senkrecht auf dem Mittelpunkt des Kreises steht[3]. Kompensiert man die Spannung U gegen diejenige eines Widerstandes R, der von dem Spulenstrom i durchflossen wird, so erhält man dann $R = NM$ in elektromagnetischem Maß. Ist ferner R in int. Ohm ausgewertet, so ergibt sich daraus das gesuchte Verhältnis. Bei der in Abb. 22 angegebenen Anordnung addieren sich die Wirkungen der Spulen,

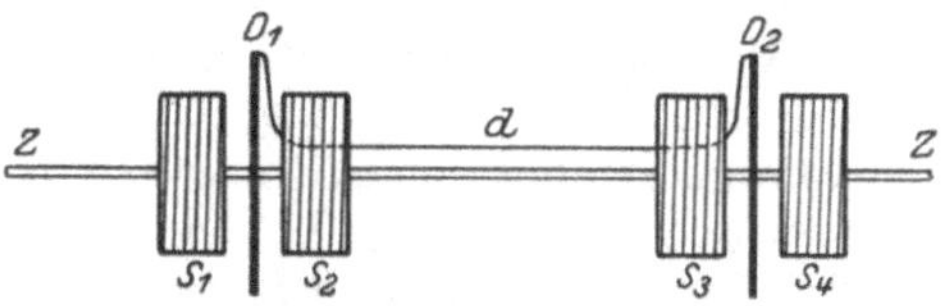

Abb. 22. Lorenz-Methode der Ohmmessung im NPL.

[1] Smith, F. E.: Philos. Trans. Roy. Soc. Lond. Bd. 214 (1914) S. 27. — NPL, Coll. Res. Bd. 11 (1914) S. 209.

[2] Viriamu Jones: Proc. Roy. Soc., Lond. Bd. 63 (1898) S. 198 u. 204.

[3] Vgl. auch Jaeger, W.: Handb. d. Physik (Geiger u. Scheel). Bd. 16, S. 45. Berlin: Julius Springer 1927.

und es wird dann die Spannung zwischen den Enden der Drähte *d* abgenommen, indem auf dem Umfang der Scheiben besonders geartete Bürsten aus feinen Drähten (Phosphorbronze) schleifen, welche so lang sind, daß sie die Trennungsstelle der Sektoren überbrücken. Die Spulen waren auf Zylinder aus karrarischem Marmor gewickelt und wurden von einem Strom von 2 Ampere durchflossen; die induzierte Spannung betrug 0,02 Volt und wurde an einem Widerstand von 0,01 Ohm kompensiert. Mit dieser Apparatur wurde gefunden:

$$1 \text{ int. Ohm} = 1{,}00052 \text{ absol. Ohm},$$

wobei das int. Ohm auf die englische Widerstandseinheit bezogen war.

2. Fast zur selben Zeit wurde in der Reichsanstalt eine absolute Ohmmessung nach einer neuen Methode ausgeführt[1]. Diese Methode benutzt den Umstand, daß die Induktivität gleich Widerstand $\times$ Zeit ist, so daß das Verhältnis des internationalen Maßes zu dem absoluten für beide Größen dasselbe ist. Wird nun eine Induktionsspule geometrisch ausgemessen, wobei sich ihr Wert in elektromagnetischen Einheiten ergibt und andererseits auf das int. Ohm zurückgeführt (siehe S. 12), so folgt daraus die gesuchte Beziehung.

Die Vergleichung der Selbstinduktionsspule mit der Kapazität wurde nach der S. 73 angegebenen Methode mit Frequenzen von 200, 500, 750 Hertz unter Benutzung eines abstimmbaren Vibrationsgalvanometers als Nullinstrument ausgeführt, wobei als Kapazitäten Luftkondensatoren von 0,1 bzw. 0,2 Mikrofarad verwendet wurden. Man erhält dann die Kapazität ausgedrückt als Farad $\times$ Ohm^2 in int. Maß. Die in den einzelnen Zweigen noch vorhandenen Induktivitäten und Kapazitäten müssen durch eine besondere Hilfsmessung eliminiert werden, bei der die zu messende Induktivität durch einen dünnen Bifilardraht von dem gleichen Widerstand und kleiner, berechenbarer Selbstinduktion ersetzt wird (Näheres siehe l. c.). Da die Spule eine Kapazität besitzt und ihre Induktivität daher mit der Frequenz veränderlich ist, muß ihre Induktivität auf die Frequenz Null reduziert werden.

Die Induktionsspulen bestanden aus blankem Kupferdraht von 0,5 mm Durchmesser, der auf zylindrische, vorher von Feuchtigkeit befreite Marmorkerne von 35,5 cm Durchmesser unter einem konstanten Zug von 13,5 kg Gewicht in Nuten von $^3/_4$ bzw. 1 mm Ganghöhe aufgewickelt war. Eine Spule hatte eine Induktivität von 0,01 Henry, zwei andere eine solche von je 0,05 Henry. Die letzteren konnten noch durch besondere Zuleitungsdrähte in Abteilungen von je 0,01 Henry zerlegt werden, so daß man die Spulen in verschiedenen Kombinationen vergleichen konnte.

Die Induktivität wurde berechnet nach der von Lorenz angegebenen Formel, an der Rosa noch eine Korrektion angebracht hat[2]. Zur Berechnung muß der Windungsradius, die Ganghöhe, der Drahtdurch-

[1] Grünseien, E., u. E. Giebe: Ann. Physik Bd. 63 (1920) S. 179. (Vor dem Krieg beendet, erst später veröffentlicht.)

[2] Lorenz, L.: Wied. Ann. Bd. 7 (1879) S. 161. — Rosa, E. B., u. L. Cohen: Bull. B. St. Washington. Bd. 5 (1908) S. 41. — Rosa, E. B., u. F. Grover: Bull. B. St., Washington. Bd. 8 (1911) S. 1.

messer und die Windungszahl bekannt sein. Der Drahtquerschnitt wurde teils aus Gewicht, Länge und Dichte, teils aus elektrischem Widerstand, Länge und Leitfähigkeit bestimmt. Auf weitere Einzelheiten der Messung, die zur Ermittlung der Windungszahl, des Windungsradius usw. nötig wurden, kann hier nicht eingegangen werden.

Wie die mit verschiedenen Spulenkombinationen erhaltenen Meßergebnisse zeigen, betrug die Genauigkeit der Messungen etwa $^1/_{100}$ Promille. Als Resultat ergab sich:

$$1 \text{ int. Ohm} = 1{,}00051 \text{ absol. Ohm.}$$

Das int. Ohm ist dabei auf die deutsche Widerstandseinheit bezogen.

Die deutschen und englischen Messungen stimmen sehr gut überein; doch ist die Beziehung der zugrunde liegenden Widerstandseinheiten nicht vollkommen sichergestellt; der ausbrechende Krieg verhinderte eine weitere Vergleichung.

Über die außer diesen beiden Messungen noch vorgenommenen absoluten Ohmbestimmungen liegen bis jetzt nur vorläufige Mitteilungen vor[1].

1. Im BSt. in Washington wurde die gleiche Methode, wie in der PTR (Curtis und Moon) angewandt mit dem Ergebnis: 1 int. Ohm = 1,0052 absol. Ohm unter Zugrundelegung der Washingtoner Widerstandseinheit.

2. In England wurde eine Gegeninduktivität statt einer Selbstinduktion zu den Messungen benutzt, wobei die Induktivität nicht mit einer Kapazität verglichen wurde, sondern als Widerstand × Zeit (bzw. Widerstand/Frequenz) erhalten wird. Bei dieser Methode[2] werden zwei um 90° phasenverschobene Wechselströme verwendet, die rein sinusförmig sein müssen. In das Resultat geht außer dem Widerstand und der Frequenz auch das Amplitudenverhältnis der beiden Wechselströme ein. Später wurde noch eine genauere Methode verwendet, bei der das Produkt zweier Gegeninduktivitäten als das Produkt zweier Widerstände multipliziert mit dem Quadrat der Frequenz erhalten wird. Als vorläufiges Resultat der Messungen (D. W. Dye) wird in dem „Rapport" angegeben, daß der Wert von 1 int. Ohm zwischen 1,00050 und 1,00055 absol. Ohm liegt.

Um die Beziehung zwischen den beiden Einheiten sicher zu erhalten, müßten bei allen diesen Messungen auch Vergleichungen der Widerstandseinheiten vorgenommen werden, auf die sich die Messungen beziehen; dies ist aber nicht in ausreichendem Maße geschehen.

Man kann aber nach den bisher vorliegenden Messungen neueren Datums (nach der Londoner Konferenz) mit ziemlicher Sicherheit bis auf weiteres die Beziehung aufstellen:

$$1 \text{ int. Ohm} = 1{,}00050 \text{ absol. Ohm.}$$

---

[1] Vgl. Tätigkeitsberichte des B. St. u. NPL, sowie Rapports des Séances du Comité consultatif d'Electricité au Comité intern. des Poids et Mesures (1929 u. 1930).

[2] Campbell, A.: Proc. Roy. Soc. Lond., (A) Bd. 87 (1912) S. 391 u. Bd. 107 (1925) S. 1310.

B. Absolute Strommessungen.

Zur absoluten Messung der Stromstärke bediente man sich vielfach der Tangentenbussole, mit der aber die erforderliche Genauigkeit von $^1/_{100}$ Promille nicht zu erreichen ist. Bei ihr wird das Drehmoment eines Stromes auf eine Magnetnadel verglichen mit demjenigen des Erdfeldes, das aber starken Schwankungen unterworfen ist und auch nicht mit der erforderlichen Genauigkeit gemessen werden kann. Ebenso ist die Messung des Ausschlages nicht genau genug. Auch die Torsionsdynamometer liefern keine ausreichende Genauigkeit. Zur genauen Strommessung bleiben nur die Elektrodynamometer in Form der Stromwaage, bei der das Drehmoment, welches zwei von Strömen durchflossene Spulen aufeinander ausüben, mit demjenigen der Schwerkraft verglichen wird. Zur Berechnung der Stromstärke muß man also die Schwerebeschleunigung für den Ort der Messung mit ausreichender Genauigkeit kennen. Die bewegliche Spule ist dabei an einem horizontalen Waagebalken aufgehängt wie bei der Waage von Rayleigh bzw. W. Thomson oder wie bei der von Helmholtz angegebenen Stromwaage um eine horizontale Achse drehbar. Eine Rayleighsche Stromwaage bildete früher die gesetzliche Einheit der Stromstärke in England und wurde im Laboratorium des Board of Trade in London aufbewahrt. Von Lord Kelvin wurde die Waage dahin abgeändert, daß sich auf beiden Seiten des Waagebalkens bewegliche Spulen befanden (auch „Wattwaage" genannt).

Die beiden Messungen des Silberäquivalentes, welche zur Definition des Ampere geführt haben, sind bereits S. 35 angeführt. In der Zeit von 1893 bis zum Londoner Kongreß sind noch eine Anzahl Messungen angestellt worden, die aber nicht zu einer Änderung des in Chicago festgesetzten Wertes 1,118 mg geführt haben.

1. In der PTR wurde die EMK des Clark-Elementes bei 0° mit der Helmholtzschen Stromwaage gemessen und etwas später dieselbe Größe mittels des Silbervoltameters ermittelt[1]. Durch Kombination beider Messungen ergab sich die Zahl 1,1183 mg Silber für 1 int. Ampere. Doch liefert die Helmholtzsche Stromwaage auch nicht ganz die gewünschte Genauigkeit.

2. Weitere Messungen sind angestellt worden von Pellat und Potier (Stromwaage), Patterson und Guthe (Dynamometer), Pellat und Leduc (Stromwaage), v. Dijk und Kunst (Tangentenbussole), Guthe (Dynamometer)[2]. An diesen Messungen, auf die hier nicht näher eingegangen werden soll, ist sehr viel herumgerechnet worden, so daß die Ergebnisse dieser Autoren mit verschiedenen Zahlen in der Literatur

[1] Kahle, K.: Wied. Ann. Bd. 59 (1896) S. 532 u. Bd. 67 (1899) S. 1. — Z. Instrumentenkde. Bd. 17 (1897) S. 97 u. Bd. 18 (1898) S. 229 u. 267.

[2] Pellat, H., u. A. Potier: Journ. de phys. Bd. 9 (1890) S. 381. — Patterson, G. W., u. K. E. Guthe: Physic. Rev. Bd. 7 (1898) S. 257. — Pellat, H., u. A. Leduc: C. R. Acad. Sci., Paris Bd. 136 (1903) S. 1649). — G. van Dijk u. J. Kunst: Ann. Physik Bd. 14 (1904) S. 569 u. Dijk, G. van: Ann. Physik Bd. 19 (1906) S. 249. — Arch. Néerland. Bd. 9 (1904) S. 442. — Guthe, K.: Bull. B. St. Bd. 2 (1906) S. 33 u. Ann. Physik Bd. 21 (1906) S. 913. — Vgl. auch Handb. d. Phys. l. c. S. 57.

zu finden sind[1]. Die Messungen sind z. T. dadurch unsicher, daß zur Einhüllung der Anode des Silbervoltameters Filtrierpapier verwendet wurde (S. 69); die mit der Tangentenbussole und dem Dynamometer ausgeführten Messungen sind an sich nicht genau genug. Auch hier ist es schade um die aufgewendete Mühe und Zeit. Man kann daher diese Ergebnisse nicht zur Ableitung des Verhältnisses der int. zur absol. Stromstärke verwerten.

3. Nach dem Londoner Kongreß 1908 sind noch eine Reihe neuer Strommessungen vorgenommen worden, wobei aber z. T. nicht das Silbervoltameter als internationales Maß zur Verwendung kam, sondern die absolut gemessene Stromstärke unter Verwendung eines in int. Ohm bekannten Widerstandes mit der Spannung des Weston-Elementes verglichen wurde. Man erhält dann die EMK des Weston-Elementes nicht in int. Volt, sondern in Volt, die das Produkt aus int. Ohm × absol. Ampere darstellen, das von den Amerikanern als „Semiabsolutes Volt" bezeichnet wurde. Zum Teil sind auch gleichzeitig silbervoltametrische Messungen angestellt worden, wie es bei der Messung der PTR geschehen ist (siehe oben). In diesem Fall kann man das Verhältnis des int. zum absol. Ampere ableiten. Durch diese Umstände wird die Vergleichung der verschiedenen Zahlen etwas erschwert.

a) Eine von Janet, Laporte und Jouaust mit der Stromwaage vorgenommene Messung[2] muß unberücksichtigt bleiben, da über den Wert der hierbei verwendeten Weston-Elemente nichts Sicheres bekannt ist.

b) Eine sehr sorgfältige Untersuchung wurde im NPL im Teddington mit einer Rayleighschen Stromwaage in der Abänderung von Kelvin ausgeführt[3]. Auf beiden Seiten des Waagebalkens hängen einlagige, auf Zylinder aus karrarischem Marmor gewickelte Spulen von 13 cm Länge und 20,5 cm Durchmesser. Sie befinden sich innerhalb von festen Spulen mit 33 cm Durchmesser. Zur Überführung des Stromes von den konzentrischen Zuführungskabeln zu den beweglichen Spulen dienen je 160 Silberdrähte von je 25 μ Durchmesser, die von der Aufhängung zum Waagenständer führen. Da alle Spulen von gleichem Strom durchflossen werden, mißt man das Quadrat der Stromstärke. Wenn alle Spulen hintereinandergeschaltet sind und von einem Ampere durchflossen werden, wird die Anziehungskraft derselben kompensiert durch ein Gewicht von 7,5 g. Der Strom fließt gleichzeitig durch einen Manganinwiderstand von 1 Ohm; die an dessen Enden entstehende Spannung wird durch ein Weston-Element kompensiert. Die Anziehungskraft zwischen einer festen und einer beweglichen Spule wird nach Viriamu Jones (siehe S. 85) mittels der Formel $k = Ji'\,(M_1 - M_2)$

[1] Vgl. z. B. Smith, F. E., u. T. Mather: Philos. Trans. Roy. Soc., Lond. Bd. 207 (1908) S. 545. — Guthe, K.: l. c.

[2] Janet, P., F. Laporte, R. Jonaust: Bull. Soc. int. des Electr. Bd. 8 (1908) S. 459. — Vgl. auch Guillet, A.: Bull. Soc. int. des Electr. Bd. 8 (1908) S. 539. — Pellat, H.: Bull. Soc. int. des Electr. Bd. 8 (1908) S. 573.

[3] Ayrton, W. E., T. Mather, F. E. Smith: Philos. Trans. Roy. Soc., Lond. Bd. 207 (1908) S. 463. — NPL, Coll. Res. Bd. 4 (1908) S. 1. — Smith, F. E., u. T. Mather: Philos. Trans. Roy. Soc., Lond. Bd. 207 (1908) S. 545.

berechnet, wenn J die Stromstärke der beweglichen Spule, i' den Strom für die Längeneinheit der festen Spule und M_1, M_2 die Gegeninduktivitäten zwischen dem beweglichen Solenoid und der oberen bzw. unteren Endfläche der festen Spule bedeuten. Die Gegeninduktivitäten werden wieder, wie S. 85 angegeben, mittels der exakten Formel von Viriamu Jones ermittelt; auf weitere Einzelheiten kann nicht eingegangen werden.

Die größte Schwierigkeit bei den Messungen verursachte die Stromwärme der von 1 Ampere durchflossenen Spulen, die sich alle innerhalb des Waagekastens befanden. Durch die Luftströmungen, die dadurch auftraten, wurden die Wägungen gestört. Wenn der Strom 20 Minuten geschlossen gewesen war, konnten erst nach Verlauf von 3—4 Stunden neue Messungen vorgenommen werden. Dies ist ein sehr großer Nachteil der hier benutzten Anordnung, der später bei der Stromwaage des BSt. vermieden worden ist.

Für die Schwerebeschleunigung wurde der Wert in Kew, das Teddington benachbart ist, zugrunde gelegt (981,20 cm/sec^{-2}), der dann noch für den Ort der Messung korrigiert wurde.

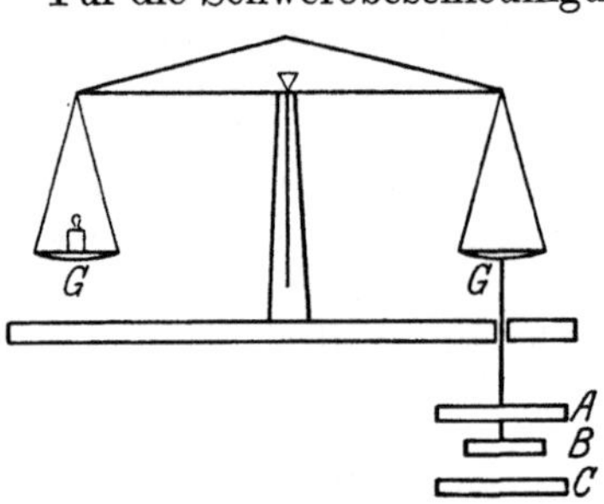

Abb. 23. Stromwaage des B. St.

Das wegen der Abweichung des Weston-Elementes von Normalwert korrigierte Ergebnis der Messung war 1,01830 semiabsol. Volt bei 17° C (= 1,01819 Volt bei 20° C). Die vorgenommene Zurückführung des Normalelementes auf das Silbervoltameter ergab dann:

$$1 \text{ absol. Ampere} = 1{,}11827 \text{ mg Silber/sec.}$$

Die Messungen mit dem Silbervoltameter waren aber mit der Rayleighschen Form desselben (Filtrierpapier) ausgeführt, so daß die gefundene Zahl mit einer erheblichen Unsicherheit behaftet ist. Dieser Umstand, sowie die Störungen durch Luftströmungen bei der Wägung nötigen dazu, die für das Silberäquivalent gefundene Zahl als nicht genügend verbürgt anzusehen.

c) Des weiteren ist in Holland[1] eine Messung mit der Tangentenbussole angestellt worden, bei der ebenfalls die EMK des Weston-Elementes in semiabsoluten Volt bestimmt worden ist. Die zu den Messungen benutzten Normalelemente und Manganinwiderstände waren an die elektrischen Einheiten der PTR und des NPL angeschlossen, so daß die zur Messung benutzten Unterlagen sehr zuverlässig sind. Doch kann auch das Resultat dieser Untersuchung (1 Amp. = 1,11807 mg Silber) nicht benutzt werden, da die Messungen mit der Tangentenbussole nicht genau genug sind.

d) Von allen Messungen des Silberäquivalents besitzt nur die zuletzt ausgeführte des BSt.[2] eine hinreichende Genauigkeit bei gleichzeitiger Zuverlässigkeit der elektrischen Grundlagen.

[1] Haga, H. u. J. Boerema: Proc. Amst. 1910, S. 587.

[2] Rosa, E. B., N. E. Dorsey, J. M. Miller: Bull. B. St. Bd. 8 (1912) S. 269 u. Bd. 10 (1913) S. 477.

Bei der zur Messung benutzten Rayleighschen Stromwaage sind, wie Abb. 23 zeigt, die Spulen A, B, C außerhalb des Waagekastens angebracht, so daß Störungen durch Erwärmung der Spulen in weitgehendem Maße verhindert sind; die Spulen werden außerdem noch durch Wassermäntel gekühlt. Die für eine Belastung von 2 kg gebaute Rueprechtsche Waage hat einen Balken von 30 cm Länge. Die Spulen sind mehrlagig gewickelt und von quadratischem Querschnitt, der bei den festen Spulen 2×2 cm bei einem mittleren Radius von 50 cm bzw. $1{,}4 \times 1{,}4$ cm bei einem Radius von 40 cm und bei den beweglichen Spulen 1×1 cm bei einem Radius von 20 bzw. 25 cm beträgt. Es sind mehrere Spulen zum Auswechseln vorhanden. Wenn durch die hintereinandergeschalteten Spulen ein Strom von 1 Amp. fließt, so wird die Anziehung der Spulen beim Kommutieren des Stromes durch Gewichte von 3—8 g kompensiert. Die Wägung ist also auf etwa $^1/_2$ Zehntel Milligramm genau auszuführen, was bei 2 kg Gesamtgewicht einer Meßgenauigkeit von 2—3 Hundertmillionteln entspricht. Die bewegliche Spule erwärmt sich bei 1 Amp. um etwa 2—3° über die Umgebung; die festen Spulen sind vollständig von einem Wassermantel umgeben, so daß von ihnen überhaupt keine störenden Luftströmungen ausgehen. Auf diese Weise ist der Hauptfehler der im NPL ausgeführten Messungen vermieden. Die Schwerebeschleunigung wurde für den Beobachtungsort zu 981,274 cm.sec^{-2} angenommen.

Für die Berechnung der Spulenanziehung wurde ein Weg eingeschlagen, bei dem der Hauptteil der Anziehung mit Hilfe einer elektrischen Vergleichung ermittelt wird. Nach Lyle[1] läßt sich für eine aus mehreren Lagen bestehende Spule von dem rechteckigen Querschnitt $2\alpha \cdot 2\alpha$ und dem mittleren Radius a ein äquivalenter Radius a_e berechnen mittels der Formel: $a_e = a + \frac{\alpha^2}{6a}$. Das Verhältnis der äquivalenten Radien, auf das es allein ankommt, wird nach Bosscha[2] in der Weise gemessen, daß die Spulen konzentrisch mit horizontaler Achse in den Meridian eingestellt und die in denselben fließenden Ströme in der Weise verzweigt werden, daß ihre Wirkung auf eine im Zentrum der Spulen angebrachte Magnetnadel sich aufhebt. Die Anziehung F zweier linearer Kreisströme, die den äquivalenten Radien entsprechen und deren Mittelpunkte sich im Abstande x befinden, ist $F = I^2 \cdot \frac{dM}{dx}$, wenn I den in beiden Kreisen fließenden Strom und M die nach Maxwell zu berechnende Gegeninduktivität der beiden Kreisströme bedeutet[3]. Diese exakte Formel enthält die vollständigen elliptischen Integrale erster

[1] Lyle, Th. R.: Philos. Mag. Bd. 3 (1912) S. 310. — Vgl. auch Bull. B. St. Bd. 2 (1906) S. 374.

[2] Bosscha, J.: Pogg. Ann. Bd. 93 (1854) S. 402.

[3] Maxwell: El. u. Magn. Art. 696. — Vgl. auch Rosa, E. B., u. F. W. Grower: Bull. B. St. Bd. 8 (1912) S. 14. — Lord Rayleigh u. H. Sidgewick: Philos. Trans. Roy. Soc., Lond. (A) Bd. 175 (1885) S. 411. — Heydweiller, H.: Wied. Ann. Bd. 44 (1891) S. 533. — Handb. d. Physik (l. c.) Bd. 16, S. 53. — Jaeger, W.: Elektr. Meßtechnik. 3. Aufl. usw.

und zweiter Art für einen Modul, der von den Radien der Kreisströme und dem Abstand x abhängt. Der Ausdruck $\frac{dM}{dx}$ hat ein Maximum für einen bestimmten Abstand x_m, der sich aus einer anderen von Maxwell (l. c.) aufgestellten Gleichung ergibt. Diese Gleichung wird durch eine Reihe harmonischer Kugelfunktionen dargestellt und eignet sich ihrer schlechten Konvergenz wegen weniger zur Berechnung der Gegeninduktivität selbst. Ist a_2 der größere der beiden Radien, so erhält man:

$$\frac{x_m}{a_2} = \frac{1}{2}\left\{1 - 0{,}9\left(\frac{a_1}{a_2}\right)^2 - \frac{1}{8}\left(\frac{a_1}{a_2}\right)^4 - \ \ldots\right\}$$

und in erster Annäherung $x_m = \frac{a_2}{2}$. Der so berechnete Wert von x_m ist in den Ausdruck von $\frac{dM}{dx}$ einzusetzen und bei den Messungen sind dann die Spulen so einzustellen, daß die Anziehung ein Maximum wird. Wegen der weiteren Einzelheiten muß auf die Mitteilung selbst verwiesen werden.

Die Stromwaage in Verbindung mit dem int. Ohm lieferte für die EMK des Weston-Elementes (mit gesättigter Lösung) bei 20° C den Wert 1,01822 semiabs. Volt. Andererseits ergab sich aus silbervoltameterischen Messungen 1,01827 int. Volt bei 20°, woraus sich dann berechnet: 1 abs. Ampere entspricht 1,11805 mg Silber/sec oder

1 absol. Ampere = 1,00005 int. Amp.

Da, wie gezeigt wurde, bis jetzt nur diese einzige, wirklich ganz zuverlässige Messung des Silberäquivalentes vorliegt, wird man wohl in Anbetracht dessen, daß der gemessene Wert nur eine sehr geringe Abweichung von dem gesetzlich festgelegten besitzt, folgern können:

1 int. Amp. = 1 absol. Amp.

Die anderen angeführten Messungen (S. 89) zeigen übrigens auch nur geringe Absweichungen von diesem Ergebnis.

Das BSt. ist allerdings in einem besonderen Zirkular, dessen Verf. nicht angegeben ist[1], zu dem Schluß gekommen, daß 1 int. Amp. = 0,9999 absol. Amp. zu setzen sei, wobei die Messungen im BSt., im NPL und in Holland berücksichtigt und die beiden ersteren noch wegen des Silbervoltameters korrigiert wurden. Auch in den „Critical Tables", die in London erscheinen und wohl nicht ganz berechtigterweise als „International" bezeichnet werden, wird dieser Standpunkt geteilt. Man kann sich aber wohl diesem etwas willkürlichen Vorgehen nicht gut anschließen. Verhandlungen über diese Frage haben zwischen den Staatsinstituten nicht stattgefunden, was wohl der Fall gewesen wäre, wenn das Rayleigh-Komitee noch bestanden hätte.

Aus den beiden für Strom und Widerstand angegebenen Werten ergibt sich auch noch die Beziehung der in internationalen elektrischen Einheiten gemessenen Energie zu der mechanischen Energie:

1 int. Joule (Wattsekunde) = $1{,}00050 \times 10^7$ Erg.

[1] Circular of the BSt. Nr. 60 (Second Ed.) 1920. S. 37.

C. Kritische Geschwindigkeit.

Nach der Maxwellschen Theorie ist im Vakuum die Fortpflanzungsgeschwindigkeit der Elektrizität (Kritische Geschwindigkeit) gleich der Lichtgeschwindigkeit. Diese Hypothese ist innerhalb der Fehlergrenzen als richtig erwiesen worden. Zur Ausführung der elektrischen Messung wird der Umstand benutzt, daß als Folge der Theorie in das Verhältnis elektrischer Größen, die sowohl im elektrostatischen wie im elektromagnetischen System gemessen werden, die kritische Geschwindigkeit eingeht. Prinzipiell kann zu dieser Messung die Elektrizitätsmenge, die Stromstärke, der Widerstand oder die Kapazität benutzt werden. Die zuverlässigste Messung ist mittels der Kapazität ausgeführt worden (nach Maxwell und Jenkin 1862), die in elektrostatischem Maße berechnet (C_s) und in elektromagnetischem gemessen wird (C_m); es ist dann $c^2 = \frac{C_s}{C_m}$. Eine sehr genaue Bestimmung dieser Art ist im BSt. vorgenommen worden[1]; es wurden dabei Kugelkondensatoren, sowie geschützte Zylinder- und Plattenkondensatoren (Schutzringkondensatoren) benutzt. Aus den geometrischen Ausmessungen wurde die Kapazität dieser Kondensatoren im elektrostatischen Maße (also in cm) berechnet, sodann wurde die Kapazität in elektromagnetischem Maße mittels der Maxwellschen Methode der periodischen Ladung und Entladung (siehe S. 71) gemessen, wobei dieselbe zunächst in int. Farad erhalten wird (= sec/int. Ohm). Durch die S. 87 angegebene Beziehung zwischen dem int. und absol. Ohm ergibt sich dann aus beiden Werten das Quadrat der kritischen Geschwindigkeit. Auf die Einzelheiten der sehr mühsamen Berechnungen und Messungen kann hier nicht näher eingegangen werden. In der Mitteilung des BSt. ist auch eine Literaturzusammenstellung der früheren Untersuchungen auf diesem Gebiete enthalten. Das Resultat der Messungen im BSt. ist

$$c = 2{,}9978 \times 10^{10} \text{ cm/sec},$$

während als Mittel der besten optischen Messungen der Lichtgeschwindigkeit der Wert $2{,}99686 \cdot 10^{10}$ anzusehen ist, der mit dem elektrischen auf $^3/_{10}$ Promille übereinstimmt; das Mittel beider Werte ist 2,9985[2].

D. Elektrisches Wärmeäquivalent.

Die Beziehung der elektrischen Energie zur Wärmeeinheit ist ebenfalls von erheblicher Wichtigkeit. Als Einheit der Wärmemenge, Kalorie (cal), wird diejenige Wärme bezeichnet, welche die Masse von 1 g Wasser von 14,5° auf 15,5° C erwärmt, gemessen in der thermodynamischen Temperaturskala. Diese Wärmemenge in Beziehung zur elektrischen Energie ist vielfach ermittelt worden; doch sind bei allen früheren Messungen die Einheiten, aus denen die elektrische Energie berechnet wird, unsicher; vielfach ist auch die benutzte Temperaturskala unsicher

---

[1] Rosa, E. B., u. N. E. Dorsey: Bull. B. St. Bd. 3 (1907) S. 601.

[2] Henning, F., u. W. Jaeger: Handb. d. Physik (Geiger u. Scheel). Bd. 2, Ziff. 22, 1927. — Eine Zusammenstellung der Messungen bis zum Jahre 1900 ist von Abraham (Rapport au Congrès 1900) gegeben worden, der als Mittelwert 3,0001 angibt.

und ihre Beziehung zur thermodynamischen Skala unbekannt[1]. Eine Messung in der PTR, bei der die elektrischen Grundlagen sicher sind und die thermodynamische Temperaturskala benutzt wurde, lieferte die Beziehung[2]:

1 int. Joule = 0,2390 cal oder 1 cal = 4,1842 int. Joule,

woraus sich dann mittels der unten angegebenen Beziehung das Verhältnis der Kalorie zur mechanischen Energie, und zwar genauer als nach direkten Messungen, ergibt:

$$0{,}2390 \text{ cal} = 1{,}0005 \cdot 10^7 \text{ Erg oder } 1 \text{ cal} = 4{,}186_3 \cdot 10^7 \text{ Erg}.$$

Eine direkte Bestimmung des mechanischen Wärmeäquivalents durch Laby und Hercus[3] ergab (nach Birge) 1 cal = $4{,}185_3 \times 10^7$ Erg.

XV. Übersicht über die jetzigen elektrischen und magnetischen Einheiten.

I. Die internationalen elektrischen Einheiten basieren auf den in London 1908 definierten Grundeinheiten des Ohm und Ampere, die auch durch das deutsche Gesetz vom Juni 1898 in gleicher Weise festgesetzt sind. Aus dem S. 87 und S. 92 angegebenen Verhältnis der internationalen zu den absoluten Grundeinheiten ergeben sich folgende Beziehungen:

1 int. Ohm	= 1,0005 absol. Ohm	1 int. Joule	= 1,0005 absol. Joule
1 int. Amp.	= 1,0000 absol. Amp.	1 int. Watt	= 1,0005 absol. Watt
1 int. Coulomb	= 1,0000 absol. Coul.	1 int. Farad	= 0,9995 absol. Farad
1 int. Volt	= 1,0005 absol. Volt	1 int. Henry	= 1,0005 absol. Henry

Ferner ist 1 int. Joule = 0,2390 cal.

Für die internationalen und die absoluten Einheiten gelten in gleicher Weise, soweit Namen festgesetzt worden sind, die folgenden Beziehungen:

Coulomb = Ampere × Sekunde	Joule = Watt × Sekunde
Volt = Ampere × Ohm	Henry = Ohm × Sekunde
Watt = Ampere × Volt = $(\text{Amp.})^2$ × Ohm	Farad = Sekunde/Ohm

Die Beziehungen der absoluten praktischen Einheiten (abs. Ampere usw.) zu den elektromagnetischen CGS-Einheiten sind S. 27 angegeben.

II. Für die magnetischen Einheiten sind keine gesetzlichen Bestimmungen getroffen. Meist benutzt man für dieselben die elektromagnetischen CGS-Einheiten. In Oslo sind im Juli 1930 durch Beschluß der IEC folgende CGS-Einheiten mit Namen belegt worden:

Einheit der magnetischen Feldstärke = 1 Oersted,
Einheit der magnetischen Induktion[4] = 1 Gauß.

[1] Vgl. hierüber auch Raimond T. Birge: Probable Values of the General Physical Constants; Phys. Rev. Suppl. Bd. 1 Nr. 1 S. 1, Juli 1929 und die Kritik von T. H. Laby: Proc. Phys. Soc., Lond. Bd. 38 (1926) S. 169. — Ferner Artikel von W. Jaeger: Handb. d. Physik (Geiger u. Scheel). Bd. 9, S. 486. Berlin: Julius Springer 1926.

[2] Jaeger, W., u. H. v. Steinwehr: Berl. Akad. Ber. 1915, S. 424 u. Ann. Physik Bd. 64 (1921) S. 305.

[3] Laby, T. H., u. E. O. Hercus: Philos. Trans. Roy. Soc., London (A) Bd. 227 (1927) S. 63.

[4] In der PTR wurde bis Anfang 1931 der Name Gauß für die Einheit der magn. Feldstärke gebraucht, während sie jetzt als Oersted bezeichnet wird.

Daraus folgt für die Einheit des magnetischen Flusses 1 Maxwell = Gauß × cm²; ferner für die Einheit der Permeabilität = Gauß/Oersted.

III. Für die **Röntgen-Einheit** (r) wurde auf dem internationalen Radiologenkongreß in Stockholm im Juni 1928 vereinbart: „daß diese Einheit dargestellt wird durch die Röntgenstrahlenmenge, die bei voller Ausnutzung der Elektronen und unter Vermeidung der Wandwirkungen der Ionisationskammer, in einem Kubikzentimeter atmosphärischer Luft bei 0° C und 76 cm Quecksilberdruck eine solche Leitfähigkeit bewirkt, daß eine Ladung von einer elektrostatischen Einheit bei Sättigungsstrom gemessen wird" (1 elektrostat. Einheit der Ladung ist rund gleich $1/_3 \cdot 10^{-9}$ abs. Coulomb).

Zu den vorstehenden Zusammenstellungen ist noch folgendes zu bemerken: Die Einheiten der elektrischen Feldstärke und Verschiebung haben ebenso wie diejenige der Dielektrizitätskonstante keinen Namen erhalten. Um sie auf die int. Grundeinheiten zu beziehen, braucht man noch eine Länge; z. B. ist die elektrische Feldstärke gleich Spannung durch Länge. Über diese Länge ist aber nichts vereinbart. Bei den absoluten praktischen Einheiten müßte man konsequenter Weise als Längeneinheit 10^9 cm nehmen (siehe S. 25). Bei den int. Einheiten benutzt man aber meist das Zentimeter (Einheit der elektrischen Feldstärke gleich 1 int. Volt/cm); aber dieser Gebrauch ist ganz willkürlich. Bei der elektrischen Verschiebung ist die Sache dadurch komplizierter, daß bezüglich des Gebrauches des Faktors 4π Unterschiede bestehen, durch welche die Einheit beeinflußt wird; dasselbe gilt für die Dielektrizitätskonstante; auf diesem Gebiet fehlt es an internationalen Vereinbarungen.

Ähnlich liegen die Verhältnisse bei den magnetischen Einheiten, wenn diese aus den internationalen Grundeinheiten abgeleitet werden, was ja an sich natürlich trotz der oben angeführten internationalen Abmachungen zulässig ist. Läßt man zunächst den Faktor 4π bei Seite, der ja für die Dimension keine Rolle spielt, so ist nach den magnetischen Verkettungsgleichungen die magnetische Feldstärke = Stromstärke durch Länge, die Induktion = elektr. Spannung × Zeit/Länge², also die Permeabilität = elektr. Spannung × Zeit/ (Stromstärke × Länge) oder Widerstand × Zeit/Länge. Als Zeiteinheit wird ja stets die Sekunde genommen, aber die Einheit der Länge kann verschieden gewählt werden. Wählt man hierfür wieder das Zentimeter, was aber nicht international oder sonstwie vereinbart ist, so ist das internationale Maß für die magnet. Feldstärke int. Amp./cm, für die Induktion int. Volt sec/cm², für die Permeabilität int. Ohm sec/cm.

Faktor 4π. Doch spielt auch hier der Faktor 4π eine einschneidende Rolle und die Größe der Einheiten hängt von ihm ab. Eine Festsetzung darüber, in welcher Weise die Maxwellschen Gleichungen in Hinsicht des Faktors 4π geschrieben werden sollen (rational oder nicht) ist noch nicht getroffen worden.

Daß der Faktor 4π sehr unbequem ist, wird wohl niemand leugnen. Doch ist es unmöglich, ihn gänzlich zu beseitigen, da die Oberfläche der Einheitskugel gleich 4π ist. Bringt man ihn an einer Stelle fort, so tritt er an einer anderen wieder auf, und es ist schließlich Geschmacksache, wie man hier verfahren will. Um keine Verwirrung anzurichten, wird man auch hier wohl am besten daran tun, die bisherige Schreibweise der Gleichungen beizubehalten und für die magnetischen Einheiten die Größen Oersted und Gauß zu benutzen.

XVI.
Zur Frage der Entbehrlichkeit der absoluten Maße.

Dadurch, daß die absoluten Einheiten Namen erhalten hatten (absolutes Ohm usw.), war es schon ermöglicht worden, daß man die unbequemen Dimensionen vermeiden konnte. Wenn in London auch diese absoluten Maße als die primären Einheiten erklärt worden waren, so war man doch durch die empirischen Definitionen (int. Ohm usw.), die gesetzliche Kraft hatten, in Wirklichkeit von den absoluten Maßen freigekommen, so daß man sie, wie Prof. Mie sich etwas drastisch ausdrückt, zum alten Eisen werfen konnte[1], wenn man nur die Beziehung der elektrischen Energie zu anderen Energien kannte.

Immerhin ist es doch notwendig, die absoluten Maße zu kennen, um die früheren Arbeiten zu verstehen, die ausgeführt wurden, als es noch keine empirischen Maße gab.

Sodann aber ist zu beachten, daß sich die Beziehung der elektrischen zur mechanischen Energie direkt nicht mit ausreichender Genauigkeit messen läßt, sondern daß man eine erheblich größere Genauigkeit, die nahe $^1/_{100}$ Promille beträgt, dadurch erreicht, daß für das Ohm und das Ampere das Verhältnis der internationalen zu den absoluten Maßen gemessen wird, wie es auf S. 84ff. dargestellt ist. Hierzu sind also die absoluten Maße erforderlich. Ebenso dient auch das Verhältnis der elektrostatischen zu den elektromagnetischen Maße zu einer genauen Bestimmung der kritischen Geschwindigkeit (siehe S. 93).

Ferner dienen ja auch die elektromagnetischen CGS-Einheiten als Grundlage der magnetischen Einheiten, die erst ganz kürzlich von der IEC angenommen worden sind. Außerdem wird eine elektrostatische Einheit der Röntgeneinheit zugrunde gelegt (S. 95).

Demnach sind bei dem jetzigen Stand der Dinge die absoluten Maßsysteme nicht zu entbehren.

XVII. Neuere Ziele für die Aufrechterhaltung der elektrischen Einheiten.

Wie schon S. 82 erwähnt wurde, ist das Rayleighsche Komitee, das in London ins Leben gerufen wurde, um eine permanente Kommission und ein internationales elektrisches Laboratorium vorzubereiten, durch den Krieg beseitigt worden. Die ganze Frage ist jetzt in anderer Weise gelöst worden. Das Bureau international des Poids et Mesures hatte schon lange das Bestreben, seine für Maß und Gewicht bestehenden

[1] Mie, Gustav: Lehrbuch der Elektrizität und des Magnetismus. S. 482. Stuttgart: Ferd. Enke 1910.

Kompetenzen auch auf andere physikalische Gebiete, so auch auf die elektrischen Einheiten auszudehnen. Der anfängliche Widerstand, besonders von seiten Amerikas gegen den Plan, ein Zentralinstitut für elektrische Einheiten nach Frankreich zu verlegen, ist später aufgegeben worden, und dementsprechend wurde im Juni 1929 vom Comité internat. des Poids et Mesures beschlossen, dem Bureau international auch die elektrischen Einheiten anzugliedern, allerdings mit der Einschränkung. daß die elektrischen Einheiten selbst nicht im Bureau international hergestellt werden, sondern von den Staatsinstituten der verschiedenen Länder, während im Bureau international die Vergleichung dieser Einheiten vorgenommen wird. Gleichzeitig wurde ein „Comité consultatif" ernannt, welche in der Zwischenzeit, ähnlich wie es beim Rayleigh-Komitee der Fall war, die notwendigen Arbeiten ausführen sollte. Ferner wurde beschlossen, an Stelle der empirisch definierten internationalen Einheiten das absolute Ohm usw. einzuführen. Wie früher erläutert wurde, ist die Herstellung der empirischen Einheiten sehr mühsam und zeitraubend, außerdem besitzen diese Einheiten mancherlei Mängel und man hofft, mittels der absoluten Messungen, schneller, leichter und sicherer zum Ziel zu kommen.

Ehe man aber zur Verwirklichung dieses Planes übergehen kann, sind noch eine Menge Vorarbeiten zu erledigen. Die absoluten Messungen müssen wiederholt und in gemeinsamem Zusammenarbeiten ausgeführt werden. So wird jetzt in der PTR eine Stromwaage nach dem Muster derjenigen des BSt. hergestellt und auch die absolute Ohmmessung wird wieder aufgenommen. Im Zusammenhang damit haben auch schon Vergleichungen von Normalelementen stattgefunden und gemeinsame silbervoltametrische Messungen.

Noch kann man nicht wissen, ob schließlich das Resultat der geplanten Messungen ein solches sein wird, daß man mit Vorteil von den empirischen Definitionen zu den absoluten Messungen übergehen kann.

Falls dies aber geschieht, so könnte immer noch die Frage offen gelassen werden, ob man an sich die bisherigen internationalen Einheiten bestehen läßt und nur zu ihrer Kontrolle und Erhaltung die empirischen Definitionen durch die absoluten Messungen ersetzen wird, oder aber, ob man die internationalen Maße ganz fallen läßt und zu den absoluten Einheiten übergeht, in welchem Fall auch die Gesetze geändert werden müßten. Es hat fast den Anschein, als ob die Mehrheit der Stimmen dafür ist, den letzteren Weg zu wählen, wofür man auch manche Gründe anführen kann.

Bei Arbeiten auf elektrischem Gebiet kann ja auch ein Irrtum nicht entstehen, wenn in diesem Fall stets angegeben wird, daß die Messung mit absoluten Einheiten ausgeführt worden ist. Trotzdem hat eine solche Änderung der Einheiten, worauf schon früher hingewiesen worden ist (vgl. S. 43), sehr große Mißstände im Gefolge: Notwendige Umänderung der Gebrauchsnormale oder, wo das nicht geschieht, ständige Gefahr von Irrtümern; Umrechnung der früher mit internationalen Einheiten erhaltenen Zahlenwerte und Tabellen, wobei leicht Fehler entstehen können. Bei der Unmöglichkeit, alle früher erhaltenen

Zahlen umzurechnen, liegt eine ständige Gefahr von Irrtümern bei der Benutzung früher gefundener Zahlen vor. Gerade bei der Kleinheit des Unterschiedes ist die Gefahr von Irrtümern und Fehlern eine um so größere.

Wenn es irgend möglich ist, sollte man daher die Einheiten nicht ändern. In der PTR sind nun schon über 40 Jahre die internationalen Maße im Gebrauch, so daß eine Änderung der Einheiten recht unangenehm empfunden würde. Hoffentlich bleibt uns eine so einschneidende Maßnahme erspart, die so viele mißliche Folgen nach sich ziehen muß.

Vielleicht aber stehen wir jetzt bald am Grabe der „internationalen" elektrischen Maße, deren Entstehung im vorstehenden geschildert worden ist.

Das wäre dann ein merkwürdiger Kreislauf! Zur Zeit der Pariser Kongresse ging man von den absoluten Maßen aus und suchte empirische Einheiten herzustellen, die diesen möglichst genau entsprachen. Auf die Feststellung der hierzu erforderlichen Definitionen ist viel Mühe und Zeit verwandt worden, und es haben eine Menge Kongresse zu diesem Zweck stattgefunden. Nachdem die Definitionen festgesetzt waren, hat man durch sehr genaue Messungen die Beziehung dieser internationalen Maße zu den absoluten zu bestimmen gesucht, und jetzt will man vielleicht die empirischen internationalen Maße ganz über Bord werfen. Dann wäre alle die große Mühe und Arbeit, sowie die verschiedenen Kongresse völlig überflüssig gewesen. Hierin liegt immerhin eine gewisse Tragik.

Wie nun das Rad der Geschichte weiter rollen wird, kann heute noch niemand sagen.

Namen- und Sachregister.

GPSR Compliance

The European Union's (EU) General Product Safety Regulation (GPSR) is a set of rules that requires consumer products to be safe and our obligations to ensure this.

If you have any concerns about our products, you can contact us on ProductSafety@springernature.com

In case Publisher is established outside the EU, the EU authorized representative is:

Springer Nature Customer Service Center GmbH
Europaplatz 3
69115 Heidelberg, Germany

Batch number: 10577876

Printed by Printforce, the Netherlands